国際地域開発の
新たな展開

日本国際地域開発学会編

筑波書房

はじめに

　本書は、日本国際地域開発学会の50周年を記念して刊行される。当学会の前身は、「日本拓植学会」で1966年に創立された。目的とするところは、「国の内外における経済的社会的開発に関する諸問題を研究し、拓植学の確立とその発展を図り、もって世界開発に資する」こととされた。初代会長の「創刊の辞」をみると、経済復興を遂げ国際経済に重きをなすに至った日本の、途上国に対する開発協力の必要性を指摘している。続けて「国際経済協力」は、資本協力、技術協力、企業進出、移住などの方式をもって経済開発に向けられているが、これこそ正に戦後の国際経済の要請に応えるもので、世界の進歩と平和、人類の福祉増進に寄与するところきわめて大きいとして、新拓植学が学問的に体系づけられることを期待する旨が記されている。

　創立当時のわが国の社会経済的背景をみると、第二次大戦後の食料難が緩和されて経済成長期にあり、これに伴い国民の間に途上国への開発や協力援助に対する理解と必要性が定着しはじめた時期であった。わが国政府による途上国の開発協力活動は、1954年に実施されたコロンボ計画への参加を嚆矢とするが、これ以後1962年に「技術協力事業団」、1963年「海外移住事業団」、1965年「日本青年海外協力隊」が創設されるなど、途上国開発協力に対する組織機構も整い始めた。また研究者や実務家の間にこれら活動に対応する専門的技術や社会経済システムの研究、ならびに人材養成に対する関心が高まってきた。

　このような背景の下、創設された「日本拓植学会」は、名称の「拓植」にかつての国家目的に重ね合わせる見方も残るなか、より社会的ニーズにふさわしい名称への変更の必要性が指摘されていた。経済成

長主導の開発が様々な環境破壊と健康被害を引き起こし、経済と環境とが調和する新たな開発が求められるなか、1990年になって現在の名称「日本国際地域開発学会」に改称された。学会の目的も「国の内外における自然、経済、社会の開発と保全に関する諸科学を研究し、国際地域開発の進展を図ること」におかれた。国の内外における地域の開発と環境保全に関する諸問題にアプローチする方法論として、自然科学、社会科学、人文科学の諸領域からの接近をともに認め、それらを包括すること、またこの方法の多様性をむしろ是として、対象を同じくしながら専門を異にする研究者・実務家らによる学際的研究を進めることに特色をおくとされた。

　学会の大会とともに開催されるシンポジウムのテーマをみると、初期においては、「国際開発の基本的視点」(1978年)や「地域開発における総合的諸課題」(1980年)などが設定され、国際開発に関するベーシックな課題がとりあげられていたが、次いで「農業開発の現地的諸問題」(1981・82年)のように的を絞ったテーマとなり、1980年代の半ばには「農林水産系における環境と生産の諸問題」(1984・85年)や、「農業総合科学への道―人間・技術・環境」(1988年)など、生産における環境の問題が加わり、1990年代には「持続可能な農業開発への道」(1991年)や「自然と人間の共生と農林業について」(1994年)など、持続性を組み込んだテーマ設定に変化してきた。1990年代の後半になると、人口と食料問題も加わって「アジアの経済成長と食料供給能力」(1995年)や「食料・環境・貧困の諸問題」(1998年)など、貧困問題も加わってきた。また「農業開発と女性」(1993年)や「サブサハラ・アフリカ農業開発におけるNPOの役割」(1999年)といった開発主体の担い手を課題視するテーマ設定も登場してきた。

　2000年以降になると、「農村開発の参加型アプローチ：その検証と

展望」(2005年)として開発手法を問いかける一方、「国際開発の新たなパラダイムを考える」(2002年)として地域開発の内容の見直しを提起し、また「環境保全に配慮した農村貧困軽減の方策と国際協力のあり方」(2001年)や、「戦後日本の農村生活改善の経験と途上国農村での実績」(2003年)など、これまでの課題に対するわが国の蓄積や経験の見直しと活用などを掘り下げる課題設定がなされた。さらに開発途上国の動向も含め、「アジアの家畜衛生・食品衛生をめぐる課題と展望」(2010年)、「条件不利地域における地域資源の活用方策」(2015年)など、グローバル化する世界の中での先進国と途上国の関わりの中で、地域開発の有り様を問いかけるテーマの設定や、「アフリカでの緑の革命は可能か」(2011年)、「大規模農業開発の意義と課題—ブラジル・セラード農業開発は大規模農業開発のモデルとなり得るか」(2014年)、「小規模家族農業の役割と課題—アジアとアフリカの事例」(2015年)など、経験活用の適用可能性を大陸間で比較考察する課題設定もなされるようになった。環境問題も「途上国における水資源の環境問題」(2010年)や「災害復興と地域開発」(2012年)など、巨大地震災害等の新たな事態を含め、レジリアンスの基盤や能力の形成を地域開発の重要な課題として検討提起するところまで到達している。

　WTOやFTA・EPAなどを通じて食料貿易がグローバル化する中で、「自由貿易協定と日本農業」(2004年)、「グローバルな食糧貿易と途上国」(2011年)、「アジアの農産物貿易と食品企業・合作社の動き」(2013年)、「世界遺産和食の海外展開と食品輸出」(2014年)なども、地域開発の有り様を左右する要因の一つとして関心を呼ぶ課題領域となっている。

　21世紀を迎えた今日、人類はより広域で複雑かつ多様な地域課題に直面している。それは、地球規模における環境破壊や温暖化の問題、

巨大災害の頻発にとどまらず、人口急増、食料・エネルギー問題、難民問題、様々な格差問題とテロリズム等々である。これら諸問題の根底にはグローバル化する経済・情報社会の中での都市と農村の関係や経済と環境の関わり、先進国と途上国の関係など、地域開発の有り様が横たわっている。

　これら諸問題に対応するため、科学技術や知識の創造ならびに自然・社会経済的新システム構築が喫緊の課題となりつつある。このような時代的要請に対して、本学会の特色である自然科学と社会科学、人文科学の多領域にわたる学際的協力による研究推進は、21世紀の国際地域開発を創造していく上でますます重要性を増しつつある。読者諸氏の積極的な探求が期待されるところである。

　　　　　　　　　　　　　　日本国際地域開発学会会長　竹谷　裕之

本書の目的と構成

　本書は、日本国際地域開発学会の創立50周年を記念して刊行されたものである。本学会の目的は、「自然、人文および社会科学の諸領域にわたり、国際的な視野のもと、諸地域における社会経済の持続的成長と福祉の向上に資するため、国の内外における開発と環境保全に関する諸問題について学際的・総合的研究を、会員相互の交流を通じ一層発展させようとするもの」である。より実態に即していえば、国内外における開発と環境保全に関わる諸課題の解明に対して、主に農業・農村を研究対象とし、様々な専門分野からアプローチする学会である。

　本書は、そういう学際的な特徴を踏まえて、多様な分野から構成される学会会員の中から執筆者を選出し、原稿を依頼して刊行するに至った。本書は、学会の目的を成就していくためには学際的な研究アプローチが必要であり、個々の成果が総合化されてはじめて社会的に有用な学術的提言が可能になることを明示することにねらいを定めたものである。

　本書の内容は多彩であるが、概ねグローバルかつマクロ的なテーマから地域・国別のテーマへ、そして技術的でスペシフィックなテーマへとつながるように構成した。以下、14章からなる本書について、章別にその論点となるところを簡潔に紹介することにしたい。

　第1章（竹谷）「農学・地域開発分野における国際人づくり協力の課題」は、人づくりに対する国際協力の重要性を具体的な事例に基づいて整理するなかで、そこからいくつかの課題を取り上げている。人

材育成を人道的援助（初等教育協力）と戦略的援助（高等教育協力）に分けて、農業・農村振興を担う新たな人材の育成のあり方を明らかにし、また大学における人づくり国際協力、日本の農学系大学における国際教育協力の連携強化の必要性を唱えている。

　第2章（水野）「SDGs（国連持続可能開発目標）時代の農村開発」は、途上国の農村を巻き込んだグローバル化の進展を念頭において、今後の途上国の農村開発のあり方を検討する。日本の農村開発経験から導き出された生活改善アプローチに着目して、農村開発の方法とその担い手となる生活主体の形成の重要性を明らかにする。生活改善アプローチは、地元資源など『あるもの』を出発点として開発を構想し、活動の内容よりも活動を「いかに」進めるかに本来的な重要性があるとする。

　第3章（高根）「途上国の園芸作物輸出と農村開発」は、途上国の輸出向け園芸作物の生産と流通に注目し、その発展が途上国農村の住民にとって新たな経済機会になりうるのかどうかを検討する。輸出は消費市場である先進国からの園芸作物に対する要求（品質・規格、安全性の認証など）が高いため、途上国の小規模生産者が十分に対応できないという現実を説明する。また、途上国が輸出用園芸作物のサプライチェーンを強化するための方策、途上国政府や援助機関が国内外に生産し輸出するための支援策を論じる。

　第4章（山田）「開発途上国の農業・農村開発における農業経営研究の貢献について」は、参加型開発を念頭においた途上国の農業・農村開発に農業経営研究がどのような貢献を果たし得るのかを考察する。農家・農業経営調査はPRAやPCMに続いて実施することにより、農家意識の背後にある農家経済・農業経営の構造とそのレベルでの農業・農村開発の効果の把握が可能となること、開発の制約要因を考え

る上で個別農家経済と外部環境との関係に存在する生産構造的な経営問題をみていくことが重要な視点とする。

第5章(小宮山)「北東アジアの乾燥地における農牧業―モンゴル国を中心に―」は、モンゴル国農牧業の過去半世紀の変動と近年の動きを、社会主義計画経済時代の牧畜業と市場経済移行後の牧畜業に時代区分して明らかにした後、牧畜業の生産性が低い背景と要因、耕種農業の回復計画とその実績、近年における集約的畜産の急増とその生産力、集約的畜産に必要な飼料が不足している状況、最近の『モンゴル家畜国家プログラム』の実施内容について論じる。

第6章(山下)「モンゴルにおける環境保全型開発について」は、モンゴルに特徴的な環境問題のメカニズムとこれに対する国際社会からの支援状況、現地の取り組みを整理する。持続的な発展のためには環境意識の基盤形成が不可欠であり、自然との共生および国際環境協力のあり方については、社会的な正当性、主観的な誠実性、客観的な真理性の観点から相互補完的に検討すべきとする。遊牧のライフスタイルを保存しながら、当事者目線で持続可能な開発の方向性を模索していくという視点を強調する。

第7章(園江)「ラオスの農業・農村開発における農耕文化研究の意義」は、ラオスの多様な生態資源とそれを利用するための在来知および在来技術に関する研究からヒトと生き物の関係について再考し、この成果を持続的な農業・農村開発を進める上で現地社会にどのように還元するかを検討する。このなかで、在来知と在来技術の集大成としての農耕文化を踏まえれば、家族農業を主体とする地域の農業・農村開発の方向は、画一的でかつ大規模化を指向するものとは異なる道筋を示すものになると論じる。

第8章(杉原)「太平洋島嶼国の開発課題と伝統的食料資源の活用」

は、太平洋島嶼地域の特徴と開発の経過および課題、開発支援の概要を整理し、本国への送金経済が常態・深化するにつれて深刻な健康被害をもたらしているトンガの事例を概観し、送金経済という外国依存体質から脱却する一手段として、伝統的植物資源の活用に注目する。伝統的食料資源の育て方から保存・利用の仕方に至る「在地の知」を基盤に、この利用が、食費の削減、所得向上および雇用機会の拡大につながることが期待できると論じる。

第9章（半澤）「グローバル化の中のアフリカ農業─ザンビアを事例に─」は、ザンビアを事例にした長期間の調査・観察を通じて、同国の政策転換によるグローバル化が、国や村レベルでの土地をめぐる問題や農業にどのような影響を及ぼしたかを明らかにする。経済政策や土地政策の変更、外国投資の積極的受け入れ、灌漑などインフラの整備により、農業の発達がみられるようになったが、一方で農地造成のために共有地の喪失や土地から追い出される人々が現われ、グローバル化で市場の価格が不安定化する影響を指摘する。

第10章（菊地）「八重山地域における伝統的食文化の実態と継承性」は、沖縄県八重山地域における食習慣の現状と継承の可能性を明らかにするために、アンケート結果を踏まえて、現在の年中行事および通過儀礼での食事および伝統的な食事における喫食のあり方を検討する。年中行事と通過儀礼における食事は簡略化され、また伝統的な食事の喫食機会が家庭で少なくなってきており、このままでは地域独自の食文化は廃れてしまう危険性があると指摘する。

第11章（堤）「女性農業者のキャリア形成をめざした農業労働の実態─日本の概況と事例を中心に─」は、女性農業者たちがどのようにキャリア形成を志向し、農業の実践を通してパワーアップしていくのか、その実態を明らかにすることに主眼をおく。女性農業者がキャリア

アップするためには公的講座や公的支援が有効であり、それに基づく新しい視点の導入や意識改革を図りつつ、農業実践のための知識や技術を体得していく必要性を説く。

　第12章（中村）「開発途上国におけるエネルギー普及と今後の課題―再生可能エネルギーを使用した持続的開発を目指して―」は、世界人口やエネルギー消費量が増加していく中で、開発途上国が今後どのようにエネルギーを普及していけばよいのか、その方向性を検討し、今後の課題を明らかにする。途上国ではエネルギー需要が急増することが予想されることから、今後エネルギーを普及させるには、再生可能エネルギーによる発電のシェアを上昇させる持続的な開発・発展を目指す必要があると論じる。

　第13章（矢野）「人工光型植物工場の普及とマーケティング上の課題」は、植物工場産業の発展と現状を概観した後、日本が技術優位性を保持している人工光型植物工場に焦点を当て、そのマーケティングの現状と今後の課題について整理する。人工光型植物工場に対する潜在需要は大きいと考えられ、栽培技術面のサポートだけでなくマーケティングの推進も同時に行わなければ、安定的に収益を確保していくことはむずかしいと論じる。

　第14章（板垣）「グローバル・フードバリューチェーンと途上国の農業開発」は、グローバル・フードバリューチェーンの概念を現状に即して再検討するなかで、そこに含まれている諸課題を整理するとともに、途上国農村の貧困問題を解決しようとする上で、グローバル・フードバリューチェーンとの関連でみた農業開発協力はいかにあるべきかを明らかにしようとする。民間企業や国際協力という「外部からの諸力」を、グローバル・フードバリューチェーンのなかへ有効に取り入れ、活かしていく必要性を指摘する。

以上、概観してきたように、論題は多岐にわたるが、いずれにしても途上国における農村貧困の諸相と解決策、自然環境や伝統文化と調和した農業・農村開発のあり方、環境・エネルギー問題の解明と対策などの諸課題に収斂している。国連の唱える持続可能開発目標に沿うものであり、これら課題への挑戦に本学会もまた取り組んでいる。

　本書は、学会常任理事会で何回も協議を重ね、学会長をはじめとする執筆者の真摯な取り組みによって刊行するに至った。出版元である（株）筑波書房の鶴見治彦社長には、この間一方ならぬお世話をいただいた。紙面を借りて深甚の感謝を述べたい。

　平成28年9月28日

編集責任者　　板垣　啓四郎

目　次

はじめに ……………………………………… 竹谷　裕之 …… iii
本書の目的と構成 …………………………… 板垣　啓四郎 …… vii

第1章　農学・地域開発分野における国際人づくり協力の課題
　　　　　………………………………………… 竹谷　裕之 …… 1
　Ⅰ．ケニアのビクトリア湖周辺域におけるガリエロージョン防止活動と
　　　人づくり ………………………………………………………… 1
　Ⅱ．人材育成にみる人道的援助と戦略的援助 ………………………… 5
　Ⅲ．日本の大学における国際地域開発／国際協力への参画の新たな動向 … 9
　Ⅳ．アメリカにおける国際協力と大学の参画 ……………………… 12

第2章　SDGs（国連持続可能開発目標）時代の農村開発
　　　　　………………………………………… 水野　正己 …… 17
　Ⅰ．俺ら東京さ行ぐだ─問題提起にかえて─ ………………………… 17
　Ⅱ．MDGsとSDGsのわすれもの ……………………………………… 19
　Ⅲ．農村開発としての生活改善 ………………………………………… 21
　Ⅳ．生活改善の政策的、実践的含意─むすびにかえて─ …………… 26

第3章　途上国の園芸作物輸出と農村開発 ……… 高根　務 …… 29
　Ⅰ．園芸作物貿易の特徴 ………………………………………………… 29
　Ⅱ．消費市場の特徴と途上国 …………………………………………… 33
　Ⅲ．園芸作物輸出と途上国の小農 ……………………………………… 35
　Ⅳ．おわりに ……………………………………………………………… 39

第4章　開発途上国の農業・農村開発における農業経営研究の
　　　　貢献について..山田　隆一......43
　Ⅰ．はじめに... 43
　Ⅱ．農業・農村開発についての基本認識................................. 44
　Ⅲ．農業・農村開発現場の現状把握における農業経営研究の貢献......... 45
　Ⅳ．開発効果の評価における農業経営研究の貢献........................ 47
　Ⅴ．結び.. 51

第5章　北東アジアの乾燥地における農牧業
　　　　—モンゴル国を中心に—...........................小宮山　博...... 55
　Ⅰ．はじめに... 55
　Ⅱ．モンゴル国農牧業の過去半世紀の変動と近年の動き................. 56
　Ⅲ．内モンゴルにおける牧畜業の動向................................... 66
　Ⅳ．おわりに... 67

第6章　モンゴルにおける環境保全型開発について......山下　哲平......71
　Ⅰ．はじめに... 71
　Ⅱ．モンゴルの環境問題... 74
　Ⅲ．モンゴルの環境問題に対する日本の取り組み........................ 78
　Ⅳ．モンゴル遊牧民の環境意識調査..................................... 80
　Ⅴ．おわりに—当事者性と持続可能な環境保全型開発の課題—.......... 81

第7章　ラオスの農業・農村開発における農耕文化研究の意義
　　　　..園江　満......85
　Ⅰ．はじめに—ラオス農村の理解—..................................... 85
　Ⅱ．ラオスにおける農耕文化—現地調査の事例—........................ 88
　Ⅲ．ラオスにおける農業・農村開発と農耕文化—現地における理解と還元—
　　　　.. 93
　Ⅳ．おわりに—未来への可能性—.. 96

第8章　太平洋島嶼国の開発課題と伝統的食料資源の活用
　………………………………………………………杉原　たまえ …… 101
　Ⅰ．はじめに ……………………………………………………………101
　Ⅱ．太平洋島嶼国の開発概況 …………………………………………102
　Ⅲ．トンガにおける伝統的食料資源を活用した開発の可能性 ……111
　Ⅳ．まとめ ………………………………………………………………115

第9章　グローバル化の中のアフリカ農業
　　　　―ザンビアを事例に― …………………………半澤　和夫 …… 117
　Ⅰ．はじめに ……………………………………………………………117
　Ⅱ．国の成り立ちと土地政策 …………………………………………118
　Ⅲ．経済自由化後の農業変化 …………………………………………124
　Ⅳ．おわりに ……………………………………………………………128

第10章　八重山地域における伝統的食文化の実態と継承性
　………………………………………………………菊地　香 …… 133
　Ⅰ．はじめに ……………………………………………………………133
　Ⅱ．アンケート結果からみた伝統的な食事の喫食機会 ……………134
　Ⅲ．伝統的な食事の提供の実情 ………………………………………141
　Ⅳ．おわりに ……………………………………………………………147

第11章　女性農業者のキャリア形成をめざした農業労働の実態
　　　　―日本の概況と事例を中心に― ………………堤　美智 …… 151
　Ⅰ．はじめに ……………………………………………………………151
　Ⅱ．農業労働力を担う女性農業者の就労実態 ………………………152
　Ⅲ．農業のイメージを変える女性たち―事例が示す方向― ………156
　Ⅳ．おわりに ……………………………………………………………159

第12章　開発途上国におけるエネルギー普及と今後の課題
　　　　―再生可能エネルギーを使用した持続的開発を目指して―
　　　　　　　　　　　　　　　　　　　　　　　　　中村　哲也 …… 163
　　Ⅰ．課題 ……………………………………………………………163
　　Ⅱ．エネルギーと人口、CO_2排出量、及びGDPとの関係 ……164
　　Ⅲ．世界主要国の消費電力と1次エネルギー構成比 ……………167
　　Ⅳ．世界における再生可能性エネルギーの方向性 ………………169
　　Ⅴ．まとめ …………………………………………………………179

第13章　人工光型植物工場の普及とマーケティング上の課題
　　　　　　　　　　　　　　　　　　　　　　　　　矢野　佑樹 …… 183
　　Ⅰ．はじめに ………………………………………………………183
　　Ⅱ．植物工場の発展と種類 ………………………………………185
　　Ⅲ．人工光型植物工場ビジネスの現状と課題 …………………189
　　Ⅳ．おわりに ………………………………………………………194

第14章　グローバル・フードバリューチェーンと途上国の農業開発
　　　　　　　　　　　　　　　　　　　　　　　　　板垣　啓四郎 …… 199
　　Ⅰ．はじめに―グローバル・フードバリューチェーンと農村の貧困問題― ……199
　　Ⅱ．グローバル・フードバリューチェーンの概念を再検討する …201
　　Ⅲ．グローバル・フードバリューチェーンと農業開発 …………207
　　Ⅳ．おわりに ………………………………………………………211

あとがき …………………………………………………半澤　和夫…215

第1章
農学・地域開発分野における国際人づくり協力の課題

竹谷　裕之

Ⅰ．ケニアのビクトリア湖周辺域におけるガリエロージョン防止活動と人づくり

1．ガリエロージョン被害

　ケニア西部ビクトリア湖はアフリカ大陸の裂け目として有名なグレートリフトバレーの一部を成すが、その湖西部に流れ注ぐアワチ川・ソンドゥ川の流域緩傾斜面は、近年、南北50km、東西30kmに亘って、ガリエロージョンと呼ばれる深刻な土壌流亡の被害に見舞われ、住民生活の基盤が脅かされる事態となっている。雨期はもとより、本来乾期であるはずの1月、世界的な異常気象がここでは豪雨となって

図1　表土を削り取られた農地

図2　耕地周り土壌流亡防止植栽

表1　ガリエロージョンと生活被害が発生した時期

	1950代	1960代	1970代	1980代	1990代	2000代
見られない	45	41	13	4	1	1
少々	68	113	74	53	20	0
目につく	21	57	182	190	74	19
深刻	3	4	34	177	371	68
甚大	11	22	35	68	142	618
わからない	570	480	377	225	108	11
無回答	0	1	3	1	2	1

注：2010年9月実施のインタビュー世帯数718世帯。

ひび割れた農地を削り、表土を奪い、谷を形成する。

　地元農民の聞き取りによれば、ガリエロージョンは1962、63年の雨期洪水を契機に始まった。1970年代には地域で目につくようになり、1980年代に広がって一部深刻化し、1990年代には住民の多くがガリエロージョンに直面、一部に被害が甚大となり始め、2000年代以降は農地や家屋の喪失など、生活基盤そのものが甚大な被害を受けるに至った（表1）。ガリエロージョンは、この地域の農業を脅かし、収穫量を激減させ、貧困化に拍車をかける重大な事態を引き起こしているのである。

　こうした土壌流亡の防止については、USLE（Universal Soil Loss Equation）を使った土壌侵食量の推計（年間土壌侵食量＝降雨・土壌・斜面長・勾配・被覆・保全策）などの調査研究が欠かせないが、セメントなどを購入できない現地の農村住民が自分達でできる保全策を理解し、それぞれの条件に応じた対策をまず実行することが重要である。

2．ガリエロージョン防止活動

　2012年8月に現地で行った聞き取り調査によれば、被害地域の農民

達はNGO等が提供する農地保全策のトレーニングを受けることで、被害防止に立ち向かうようになっている。表2を見られたい。現地で研修参加農家と非参加農家とを16戸ずつ選び、実行している保全策を農学・林学・農業土木・畜産分野別に調査したところ、非参加農家に比べ、参加農家は少なくとも2つ以上、平均して4.5種類の保全策に取り組んでいた。等高線栽培と叢生帯確保、トレンチ掘り等を組合せ、流亡防止対策の効果を向上させる狙いからである。非参加農家が、血族集団の会合等で耳にした保全策を見よう見まねで導入しているのと比べ、研修参加の効果は明確である。両者の差の存在は半面、同一地域にありながら、より効果が見込める地域ぐるみの取り組みになっていないことも示している。

この地域の場合、研修参加者は血族集団の中から活力と希望などを踏まえ選考されることが多い。コミュニティが伝統的に弱く、血族集団で相互扶助、かご細工、頼母子講などに取り組んできたことが背景にある。この地域の課題は土壌保全対策を血族集団全体に拡げること、そして地域ぐるみの取り組みに昇華させることである。そうした研修

表2 研修参加・非参加の農民によるガリエロージョン防止活動

研修	土壌保全型農業								植樹・植生再生対策						流亡防止用農業土木対策						家畜対策	
	①	②	③	④	⑤	⑥	⑦	⑧	⑨	⑩	⑪	⑫	⑬	⑭	⑮	⑯	⑰	⑱	⑲	⑳	㉑	㉒
参加	4	4	2	2	4	1	1	4	9	2	2	6	1	8	5	4	1	2	5	2	1	2
非参加	0	0	0	0	1	0	0	0	4	1	2	2	0	11	0	4	0	0	5	3	0	2

注：①等高線耕作、②叢生帯確保、③不耕起栽培、④草マルチ、⑤被覆作物、⑥移動耕作、⑦輪作、⑧苗木生産、⑨木植樹、⑩竹植樹、⑪バナナ植樹、⑫ナピアグラス、⑬サトウキビ、⑭サイザル等、⑮貯水、⑯トレンチ掘り、⑰水路設置、⑱蛇籠設置、⑲土のう石列、⑳木製構造物、㉑無放牧、㉒フェンス設置
出所：科学研究費「ケニア西部の土壌荒廃地域における地域環境の保全と地域文化：2008～2012」pp.147-148。

が必要となっている。

　人を育てる研修の課題はそれにとどまらない。ニャカチ地域は土壌流亡もあって、食糧不足とともに深刻な貧困問題を抱えている。従って、土壌流亡対策は同時に貧困緩和策が伴わないと、住民の関心を呼ばない。たとえばサイザルは成長後に繊維加工して販売、ネピアグラス導入は地表を被覆するだけでなく、飼料用として家畜飼養基盤を強化することを考えたものであり、植樹も生育後樹木の下部は建築用、上部は燃料用、あるいは飼料用として収入増加させることを考慮して樹種を選ぶこと、貯水池も堆砂・灌漑に養魚目的を加味すること、無放牧は舎飼い家畜糞の活用が必要となる。つまり、住民が地域の特性を理解し、土壌流亡防止策と貧困緩和策の両面を理解し、導入する技術を決め実行できるよう能力形成を図ることが求められる。

3．NGO・若者グループによる人づくり活動と国際支援

　因みに、この地域で土壌流亡防止策が始まったのは1987年、農業省のサイザル・カクタスの植栽事業であったが2年で中止。2004年になってスウェーデンのNGOがサイザル等の植栽、森林・植生再生研修と苗の供給事業を開始、2005年にはケニア農業試験場が同様の事業と蛇籠等による砂防施設設置の技術研修を始めた。2010年には上記2組織のほか、国際アグロフォレストリー研究センター（ICRAF）が世界銀行の支援を受けて統合生態系管理事業に取り組み始め、ほかにもWorld Neighborsなど4つの国際NGOがAsset Based Community Development（ABCD）手法などを導入して、環境保全と所得創出に力を入れ始めた。さらに注目されるのは、2008年アワチの若者グループが組織され、住民とプロジェクトスタッフの橋渡し役を担うことで、環境保全と所得創出に協力し始めたことである。集落の共同活動が弱

かった地域だけに、若者グループの果たす役割は重要である。若者グループは2011年、小学生にも目を向け、国際NGOと協力し小学生に苗木を持たせて自宅周辺で植樹する活動を広げている。

　土壌流亡防止は、貧困地域にあっては、まず研修を通じて地域にある素材を活かして取り組む人材を育成すること、国際支援組織を呼び込み、住民とのパイプ役を地元の若者グループが果たすことで、防止活動の広がりと定着を図ることが重要となっている。

Ⅱ．人材育成にみる人道的援助と戦略的援助

1．人道的援助としての初等教育協力

　人づくり協力に関わり、研修や現地での活動を担える人材をどう育てるか。これは先進国、新興国、そして途上国自身の課題である。

　近年の教育協力の内容をみると、世界的には1990年の『万人のための教育』（Education For All：EFA）世界会議を契機に、無償で良質な初等教育の完全普及、初等・中等教育における男女格差の是正など、基礎教育開発に焦点をおいた教育協力が潮流となってきた。2000年、セネガル・ダカールで開催された世界教育フォーラムで提示された「ダカール行動枠組み」は、EFA達成の指標となる６つの国際目標を設定し、2015年までに世界中の全ての人が初等教育を受けられる環境を整備しようと取り決めた。日本は従来から「ひとづくり」を重視して教育支援を行ってきたが、2002年に「成長のための基礎教育イニシアティブ（BEGIN）」、2010年に「日本の教育協力政策2011-2015」を発表し、基礎教育と基礎教育後の支援を、ハード・ソフト両面を組み合わせ実施してきている。基礎教育は「一人ひとりが自らの手で自らの未来を選び取るために必要な知恵と能力を身につける

(empowerment)」人間開発の観点からのみならず、国づくりのための人づくりという観点からも重要であると位置づけている。

そして、これら教育協力政策が効果を上げられるよう、日本は、途上国政府の自助努力支援を基本に、文化の多様性の尊重と相互理解の推進、地域社会の参画促進と現地リソースの活用、他の開発セクターとの連携などを基本理念に、支援活動を進めている。

２．戦略的援助としての高等教育協力

2000年以降の米国国際開発庁USAIDや世界銀行などの議論を見ると、empowerment initiative, teachers training, higher educationなど、ポスト初等教育が話題となることが多い。2006年北京で開かれたUNESCOの国際セミナーも、「アジア農村における学修と開発のための農学高等教育の貢献」をテーマとするなど、職業訓練や高等教育の協力支援のあり方が注目を集めるようになった。ただし、その内容はそれぞれの国や機関の戦略と密接に関わり、基礎教育のように国際的に共通目標を打ち出す状況にはない。

因みに、日本の教育協力は世界的に見て、基礎教育と中等・高等教育のバランスある支援が行われてきたが、文部科学省は1990年以降、国立大学に国際協力／国際開発学関連研究科を７つ設置するとともに、私立大学にも関連研究科の設置を支援してきた。国際開発関連専攻等を含めればその数は大きく増える。また2000年前後に、わが国が有する人的・知的資源を活用して、途上国に対する教育協力をより効果的・効率的に推進していくため、教育協力のニーズの高い専門分野毎に、ネットワークの拠点機能を果たす人づくり協力センターが国立大学に設置された。わが国の知的人的資源を組織的・体系的に活用して国際開発協力の質的転換を図るため、旧来の教員の個人的対応から大

学組織による協力へと切り替え、大学の協力活動を促進し、援助機関等との関係構築を図るためである。大学生に地域現場で問題と解決策を考える海外地域実習を企画実施する大学も増えてきた。

　世界各地の現場で求められるのは、その地域で解決を求められる課題、農学分野で言えば、生産、加工、環境、資源、再生エネルギー等を巡る地域のニーズ、それも国際的に重要なニーズに応える人づくりである。前述のニャカチ地区で言えば、ガリエロージョンを防止し被害を軽減しながら、生活の再建を図ることのできる人づくりである。このような現場の課題は、個別科学だけでは解決しない。土壌の解析と流亡防止方法の組合せ、作物と等高線栽培・不耕起栽培・カバークロップ等の組合せ、経済樹種の選択と植樹方法、飼料確保とゼログレイジング、そして農村住民の個々の取り組みと地域ぐるみの取り組みへと発展させる共同活動の組織化等々、関連する科学を組合せ適用することで解決を目指す学際的アプローチが必要とされる。開発と環境保全に関する諸問題の学際的・総合的研究を特性とする日本国際地域開発学会のアプローチが効果を発揮するのが現場である。とはいえ、初めから現場にあった総合科学があるわけではない。現場の課題解決に関連する個々の分野で専門能力を持ち、広い視野から専門を位置づけ活かせる人材を育てること、それとともにこれら人材を学際的に連携するチームとして組織し対応できる、いわば農学の知を結集しコラボさせる能力を持つ人材育成も必要となる。そうしたチームであれば、現場の課題解決指向型の能力形成が可能となる。

　地域現場の問題解決には人とともに、資金と時間、そして関係機関の連携が欠かせない。国際開発協力の仕組みと制度を理解し活用する取り組みも重要である。高等教育を戦略的に重視するのは、このような人材を育てることをターゲットにできるからである。

学ぶ側からいえば、現場の課題にプロとして向き合える専門能力を培うのとともに、関連する幅広い分野を理解して課題解決を考え、実行する際にこれらの協力連携を作り出す能力形成に努め磨きをかけることが肝要である。

3．新たな農業・農村振興を担う人材育成

近年、地域が抱える問題を解決し地域開発をより効果的に実施するため、コーディネーターやリージョナルリーダーなどの役割が重視され、これら機能を担える人材育成が始まっている。EUが力を入れるのは、リージョナルリーダーや農村アニメーター養成である。これらの人材は、農村振興に必要な学際的かつ実践的な能力を身につけ、地域の将来を担う中核人材として位置づけられ、2009年から5年間の準備を経て、2014年「農村アニメーターのための欧州修士プログラム（European Masters Programme for Rural Animators）」として本格的にスタートした。農村アニメーターは農村振興に関わる、①振興計画の策定・実施、調整、管理、②イノベーティブなプロジェクトの提案、③資金獲得、プレゼン、報告書の策定、④農村の社会的、生態学的、経済的、文化的、政治的な文脈の変化に応じた対応、⑤多様な関係者間の仲介・調停、官民の橋渡し、⑥地域コミュニティにおける相互扶助の構築および維持、⑦地域外の農村アニメーターとのネットワーキング・協力を実行できる能力形成を目標に、スペインのUniversitat de Valenciaなど8ヵ国の大学及び研究機関がコンソーシアムを作って養成しようとするものである。修了すれば修士号を持つ専門家として処遇される。

日本の農林漁業者の6次産業化を支援するプランナー、意欲ある都市住民を条件不利地域に呼び込み地域力の強化を図る地域おこし協力

隊などと比べ、EUは新たな時代の農村振興を担う、より本格的な人材育成に取り組み始めている。因みに、日本の6次産業化支援プランナーは、中小企業診断士、コンサルタント、農業普及指導員や食品メーカーのOBなど多様な出自を持って構成されているが、プランナー養成研修は短期研修に止まり、活動割当時間も少なく、プランナーとして自活できるレベルにはない。韓国では6次産業化による経営形態のイノベーションには農業技術センターの普及員が重要な機能を果たしているのと比べても対照的である。農業・農村は農業生産の場であるだけでなく、6次産業化・多業種の連携する新たな農業農村地域開発が必要な時代を迎えており、これら新たなニーズに応える人材育成が強く求められる状況にある。

Ⅲ．日本の大学における国際地域開発／国際協力への参画の新たな動向

　つぎに、日本の大学が国際地域開発／国際協力にどのように関わってきているか、見ておこう。領域としては、①科学技術・学術交流・研究協力、②留学生交流、③JICA事業への協力、④国際機関及び国際援助機関との連携、⑤民間事業への協力の5つがあるが、ここでは人材育成との関わりで、②、③、④についてみよう。

1．留学生受け入れによる教育の国際化

　まず留学生交流についてみると、1983年1万人であったわが国高等教育機関への留学生は、中曽根首相が10万人計画を押し出して以降急増し、1993年には5万2,000人に達した。その後5年ほど停滞したが、90年代末から再度急増し、2008年グローバル戦略の一環として2020年

を目途に30万人とする計画が提示される中、2010年には14万人を超えた。それ以降2015年までは13万人台に推移している。その90％余は私費留学生が占め、文科省等による国費留学生は2010年をピークに2割ほど減少している。このほかJICAが2000年度に市場経済移行国を対象に修士学位取得を目指す人材育成支援を始め、2014年度には農業農村開発を含め226人受入れるなど、人づくりのチャネル多元化に一役買っている。

量的に大きく拡大した留学生教育に関わり、近年、質の重視が強調され、国際的に競争力ある教育づくりの取り組みが進んでいることも見落とせない。日本技術者教育認定機構（JABEE）など教育認証への取り組みと合わせてみると、大学が専門能力はもちろん、現場対応でき創造力豊かで倫理観ある人材育成を進める動きとして注目される。

加えて、アジア諸国をはじめ少なくない途上国が新興国となる中、国際開発協力も従来の支援を提供する・受ける関係から、互恵的な連携協力関係に変化していく状況も生まれている。日本人学生のグローバル化対応能力形成がますます重要になりつつある中、新興国・途上国の大学とのパートナーシップを形成し、連携して人材育成を進めることが強く求められている。

2．大学による国際援助機関との組織的連携・プロジェクト受注・実施

2つ目の領域として、最近急速に拡がる大学と国際援助機関との組織的連携を見ておこう。

JICAは、2003年10月、緒方貞子前理事長就任以降、現場主義を掲げた「JICA改革プラン」を実施、その一環として、JICA事業のパートナーとして大学やNGO、自治体等との戦略的な連携強化を図るよ

うになった。その結果、日本の大学との連携協力協定の締結が導入され、教員の海外派遣、留学生、研修生の受け入れに加え、JICAプロジェクト受託など新たな事業参画が生まれている。

　連携協力の具体例を、JICAが2005年、わが国大学の中で最初に組織協定した帯広畜産大のケースでみよう。同大学は従来JICA研修員受け入れ事業やJICA連携講座を開設し、数多くの研修生を育ててきたが、法人化を契機に、新たに畜産分野における国際協力に資する人づくりとして、全国から開拓精神溢れた若者を集め、JICAのボランティア短期派遣制度を利用して学生を協力現場に派遣し、専門家に付いて協力活動に参加する形の実践的な人材育成を開始、育成された人材は国際協力専門家、国際ボランティア、民間国際協力コンサルタントなど、国際協力分野に送り出している。このほか、同大学は2年以上の国際協力活動経験のある者を対象に「修士課程国際協力特別選抜」コースを設けてこれら人材の再教育を本格化、国際協力人材の能力アップに務めている。

　2008年JICAに海外経済協力業務を承継した旧JBICの場合、2004年の立命館大学・アジア太平洋大学との協定締結を皮切りに、承継前に山口大、早稲田大など数多くの大学との連携協力を推進し、承継後、JICAは2015年現在、34の大学と包括的な連携協定を締結し、国際協力事業の質の向上、国際協力人材の効果的育成、「知」の発信強化など、多様な連携事業を推し進めている。

　国内の大学による世界銀行との連携も本格化してきた。途上国の政府・研究機関・企業・NGOなどの専門家・担当者の研修を受託する大学、ネットを活用する遠隔研修プログラムを受託する大学などがその例である。

Ⅳ．アメリカにおける国際協力と大学の参画

アメリカにおいては、国際協力への大学の組織的参画は日本より遙かに多く多様で、制度的にもよく整備されている。USAIDとアメリカの大学を組織的にかつ効率的に連携する組織として、ALO（The Association Liaison Office for University Cooperation in Development）が設置され、機能しているからである。

1．ALOの仕組みと役割

ALOは、アメリカの6つの高等教育団体がUSAIDに働きかけ、大学との連携を強化するため1992年に設立された調整組織で、加盟大学数は1,700以上に上り、その75％余が10年以上ALOと提携している。USAIDは開発に関する競争的資金プログラムをALOを通じて6団体関連機関に公表し、ALOが大学からの応募を受け付け、専門家評価を付けてUSAIDに推薦し、USAIDが最終選考を行って契約先が決まる仕組みになっている。この場合、授与される資金は1件当たり数十万ドルと必ずしも大きくない。しかしこの資金を受けていると、他の開発協力資金を優先的に得ることができる利点があり、大学にとっては見逃せない組織となっている。

ALOが仲介して採択された新規のプロジェクト件数は2000～2014年で年30件前後である。例えば、全米農学部でもっとも古い歴史を持つミシガン州立大学農学部MSUCAの場合、東京農大とは連携協定に基づき48年間に亘って学生や教員の交流を進めているが、途上国地域を対象に取り組んでいるプロジェクトは、2015年度実施継続されているもので24件あり、うちUSAIDの補助を受ける事業は15件余ある。ルワンダ大学と連携し、女性指導者高等教育研修や優秀な女子学生向

けコーヒー産業ビジネス研修、アグリビジネス専門能力形成修士プログラムを実施、また2014年には工学部と連携し、飢餓や清浄水、低コストエネルギー確保などの課題解決のための奨学金付き１年間集中教育を開始、ほかにも豆科作物、GMO推進、食品加工、農村開発、植物検疫など、農学関連の多くの領域で人材育成に取り組んでいることに注目したい。

２．日本の農学系大学の国際教育協力の連携強化

　ALOに類似した組織は日本にはない。JICAは個々の大学と連携協定を結び、組織的連携活動を推進する形に止まっている。2000年前後に文科省が教育協力のニーズの高い専門分野毎に、拠点機能を果たす人づくり協力センター７つを設置したものの、国立大学法人化に伴い、拠点機能発揮は不完全に止まっている。とはいえ、大学の国際協力・国際地域開発への参画が世界の潮流になりつつあるなか、わが国農学系大学もネットワーク対応を強める努力が欠かせない。

　因みに、文科省はわが国農学分野の国際教育協力の拠点機能を果たすことを期待し、1999年、農学国際教育協力研究（農国）センターを名古屋大に設立した。農国センターは、プロジェクト開発と協力ネットワーク開発の研究を通じ、農学とその関連分野での人づくり協力に貢献することを使命としている。この目標を達成するため、例えばカンボジア王立農業大学のカリキュラム改革・大学院設立支援や食品加工を担う人材育成、ケニアなど東アフリカ３ヶ国15大学におけるアフリカ人づくり拠点（AICAD）プロジェクトやネリカ米普及への研究協力、地理情報システムを利用した天然資源や農業生産物の管理のためのJICA集団研修、ネットを介した実践的大学院教育の共同開発等に取り組んできた。JICA高等教育協力プロジェクトの比較評価研究

では、GNPが低いと学部／大学院支援型が、相対的に向上してくると特定分野支援型プロジェクトが選好されることを類型化し、そのうえで、リーダーの確保、経済環境への配慮、普及との連携、モニタリング・フォローアップの徹底、短期専門家の反復的派遣など、重要な教訓を引き出している。これら教訓を教育協力プロジェクトの開発・実行に活かすことで、農学分野の諸問題を実践的に解決する、より効果的な人づくりが可能になる。

3．農学分野の国際人づくり協力に期待されるもの

　グローバル化した社会にあって、農学系大学が自らの存立をより確かなものにしていくには、知の創造と普及、それを担う人づくり協力が大きな役割を果たす時代である。他方、国際協力機関にとっても、「知恵のある援助」が重要視され、大学を含む市民社会の参画による開発事業の展開が必須となってきた。

　このような地域開発協力に当たっては、農学分野における日本の固有の強みを念頭に置くことが重要である。周知のように、日本の稲分野の研究は、育種・生理解析から、肥培管理や病害虫・雑草防除、用排水や圃場の整備、さらには米の加工や食文化等まで、科学と技術は集大成され、世界最高峰を築いている。アジアは勿論、近年アフリカにおいても稲の栽培が盛んになりつつあるが、これら地域の稲栽培は小規模集約型であり、日本に集積している知識、知恵と技術が大きな武器になる。日本政府は、アフリカにおいて、日本の後押しで育種されたネリカ米（New Rice for Africa）を普及することを重要な支援課題に挙げており、これに関わる人材育成とその活躍が期待される。

　日本を始め、アジアやアフリカは、小農経済の国が大半である。これらの国々からの留学生は欧米に行っても母国の置かれた条件とは異

質の農業を基盤とした農学を学ぶことになる。そのため、母国に帰ってもなかなか適用しにくく、折角培った農学の知識を活かせない状況が少なくない。農業経営の経済力、自立力が脆弱な条件しか持たない場合、自ずと適用する技術、仕組み、活動は異なってくる。封建遺制を抱えながら、資本主義経済化の中で苦闘してきた日本こそ参考になるところが多い。農業の土地生産性・労働生産性の併進的展開、集落営農等の水田農業担い手形成、野菜・果樹等の主産地形成、小企業農的発展など、日本の研究蓄積を活かすことによって、アジア・アフリカの小農民経営の発展メカニズムとそれを機動する方策も、解明することが可能になる。

　食品加工も、日本の優位性ある分野が少なくない。日本の伝統的な食品には、味噌、醤油、納豆など発酵を利用する技術、日本酒に代表される醸造技術は、極めて高度なものであり、発酵食品は健康増進や病気予防に役立つものが多く、発酵技術を使った機能性食品開発では、日本は世界のトップクラスにある。途上国では、収穫物の30～50％が天候、害虫、カビのために失なわれている。また貯蔵技術が未熟なため、価格の最も安い収穫直後に穀物を売らざるを得ず、その意味でも貯蔵・加工が重要な課題になっている。

　さらに日本では、研究者が自らフィールドに入り、現場の抱えている問題を直接把握し研究するので、現場の要求に合った成果をあげることができ、また研究者や技術者は自ら、研究成果を農家に持ち込み、農家と膝を交えながら適応性の検討と新たな課題発見を行ってきた。欧米への留学経験者が多いアフリカ、南アジア等では、研究者と農家の間に大きなギャップがあり、試験場などの成果が現場に結びつかない事例が多い。国際人づくり協力にも日本の現場主義的手法の導入が期待される。日本の強みを活かした取り組みが求められている。

第2章
SDGs（国連持続可能開発目標）時代の農村開発

水野　正己

Ⅰ．俺ら東京さ行ぐだ―問題提起にかえて―

　津軽出身の歌手で作詞・作曲家の吉幾三氏の唄に、東京一極集中をあざ笑うこっけいな一曲、「俺ら東京さ行ぐだ」がある。曲に登場する青年は、「テレビもえ無エ　ラジオも無エ　（中略）　こんな村いやだ」と田舎生活は否定するが、「東京で牛飼うだ」と田舎の仕事＝農業は肯定しており、このアンバランスが笑いを誘う。なぜか？　両方がともに否定されるのが農村の現実だからである。歌詞の行き先をどこかの都会（もちろん世界の巨大中心都市を含む）に読み替えると、この曲は今日の開発途上国で大いなる共感を呼ぶことは間違いない。
　筆者が研究対象にしてきたネパール・ヒマラヤの山村に当てはめて考えてみよう。1990年以降の民主化の一定の進展や経済のグローバル化の浸透により、自然条件に厳しく規定された山村生活も大きく変化し始めた。国際NGOの支援を得て設置された貯水槽付の集落簡易水道、電力公社の資材補助を受け村人総出で電線を張って裸電球が灯るようになった電気、ODA資金により村で始めて設置することになった便所など、枚挙にいとまが無い。台所も様変わりし、薪をくべる煙たいカマドから、プロパンガスを利用する２口のガスコンロになった。また、圧力鍋、電気冷蔵庫、電気炊飯器、柱時計といった輸入消費財も

目につくようになった。最近では、ヒマラヤ奥地でもテレビ放送が見られるようになったし、携帯電話の普及で世界中と通話が可能になった。インターネットを通じて世界と結ばれる山村も出現している。

　しかしながら、逆にその結果、ヒマラヤ山村はもとより、もっと農業条件に恵まれているはずの地域からも、多くの若者が海外出稼ぎ就労のため、離村するケースが増加の一途をたどっている。出稼ぎ先は、湾岸諸国とマレーシアが突出している。先に触れた消費生活の変化を可能にした物質的基礎は、出稼ぎによる現金収入の増加であって、間違っても農業生産の増加や作物生産の集約化による農業収入の増加ではない。

　ネパールのみならず多くの途上国では、出稼ぎ収入の経済的比重は、農民世帯の家計収入と支出の両面は言うに及ばず、国民経済においても、すでにきわめて大きい。世界銀行の最近の調査報告書[1]によれば、全ての途上国からの海外出稼ぎ人口は、2000年の1億7,500万人から2015年の2億5,100万人に増加し、世界人口の3％強の水準に達した。出稼ぎ者からの送金総額は、2015年に6,010億米ドルを上回るとみられ、このうち途上国に還流する部分は世界のODA（政府開発援助）総額の3倍近い4,410億米ドルに達する。ネパールについてみると、2013年の海外出稼ぎ人口は200万人弱で、総人口の7.1％に達する。同年の送金受取総額は55億8,900万米ドルで、これは同年のネパールへの海外直接投資（FDI）総額7,000万米ドルや、ODA受取総額8億7,000万米ドルに大きく水をあけている。同年の出稼ぎ送金総額が国内総生産に占める割合は29％、また外貨準備高に対するそれは83％であり、送金による移転収支の黒字で貿易収支の赤字（耐久消費財の輸入増加で膨らむ一方である）を埋め合わせる格好になっている。

　若年層の出稼ぎ者が多い農山村では農業労働力不足が生じており、

食料生産の停滞につながっている。例外は、人口増加の著しい首都カトマンドゥなどの都市周辺で、消費地に近い立地条件を活かした野菜生産の増加ぐらいのものである。全体的にみると、ネパールのような途上国では、海外出稼ぎの増加と国内の産業振興は二律背反の関係にあり、海外出稼ぎの罠から脱却する手立ては今のところ見当たらない。グローバル化する世界経済の一部分に飲み込まれた途上国の農村は、出稼ぎ収入の増加（貧困層が貧困から脱出する最も簡便な手段）による輸入財の消費拡大で外見上は近代化しつつあるようにみえるが、農村生活と農業生産の基盤は根本から掘り崩されつつあるのが実態ではないだろうか。

　本章は、このような途上国の農村を巻き込んだグローバル化の進展を念頭において、今後の途上国の農村開発のあり方を検討する。その際、日本の農村開発経験から導き出された生活改善アプローチに着目して、農村開発の方法とその担い手となる生活主体の形成の重要性を明らかにする。

Ⅱ．MDGsとSDGsのわすれもの

　国連は、21世紀の開始に合わせてMDGs（国連ミレニアム開発目標）を掲げ、絶対的な貧困の削減をはじめとする開発の領域宣言を行った。そして、2015年9月にはその後継として17分野、169指標におよぶ世界的な開発の重要課題を連ねたSDGs（国連持続可能開発目標、2016〜2030年）を採択した[2]。

　しかしながら、2008年に全世界の都市人口が農村人口を上回るなど、いま地球上で生じているグローバル化に伴う未曾有の変化が現状のまま推移するならば、先述したような出稼ぎがさらに出稼ぎを加速させ

るなど、途上国の農村社会の未来は暗澹としたものにならざるを得ない。今世紀への変わり目に「農村開発」に対する新たな関心が国際社会の間で生じた。そして、途上国の農村における生活向上が開発の基本に据えられるようになり、「農業」から「農村」に開発援助の重点がシフトした。その結果、農村における非農業生産活動の振興を含めた農村住民の生活向上が農村開発の重点分野に浮上するようになった[3]。けれども、都市化、工業化、産業化の進展の著しい途上国では、一方で農業の発展により食料増産が実現される反面、他方では農業部門において土地や水資源の劣化・遊休化、部分的な農業労働力不足、若年層の農業・農村離れ、農業労働力の高齢化・女性化などの現象が極めて急速に出現している。

　こうした現実を直視するならば、農村に暮らす人びとの生活がそれ自身として向上し、意義あるものへと創造的に転換していく道筋が求められなければならない。そのためには、農村地域の生活福利を構成するあらゆる部門の開発が必要である。そして、何よりも重要なのは、それを担う農村に暮らす人びとである。残念ながら、SDGsはこのような農村社会が直面している重要課題に対応したものではない。また、「なにを」に傾斜するあまり、「いかに」についての議論、つまり実践の方法に関する検討をほとんど欠いている[4]。われわれは、途上国の農村を取り巻く社会経済条件を踏まえた21世紀の農村開発の方途を創出しなければならない。そこで、次節では、戦後日本の農村で取り組まれた生活改善に注目し、その実践的変化の特徴を明らかにするとともに、それに基づいて創出された生活改善アプローチによる途上国農村開発の可能性を論じることにする。

Ⅲ．農村開発としての生活改善 ⁽⁵⁾

1．変化の型としてみた改善の特徴

　農村開発に限らず、そもそも開発とは「目的とされる状態に至る計画的変化」ということができる。ここでいう目的には、所得上昇、生計向上、能力向上、自由、民主主義、幸福などの増加、拡大、上昇、実現などが含まれる。また、それらを基準時点から予定された期間内に、対象とされた範囲内に対して、目的的に達成しようとする行為が開発プロジェクトである。一般に、開発活動を、経営と家計の未分離性を特徴とする小規模家族農業を営む農民世帯の人びとが受け入れることが可能な仕組みで履行し、かつその成果を持続可能なものにするには、革新＝イノベーション（新規のものによる既往のものの代替）もさることながら、改善＝カイゼン（既往のものの漸次的改良）に一日の長がある。その方が、リスク回避を第一とする小農民経営にとっての経済合理的な行動様式により適合的だからである。

　こうした視点から20世紀後半の日本農村で取り組まれてきた生活改善⁽⁶⁾を振り返ると、まず第1に、生活改善の活動や事業の実施に内在する変化の型（パターン）に大きな特徴のあることがわかる。戦後復興期から高度成長期の日本農村における生活改善活動は、(1)女性農民の喫緊の生活上の課題を対象とし、(2)相対的に安価でかつ技術的に比較的容易な実践として取り組み、(3)その成果が世帯員や集落の成員に直接的に及ぶような内容であった。このため、生活改善の活動が漸進的変化でありながら無理なく農家女性に受け入れられたのである。

　第2に、生活改善の活動や事業の内容についてである。これには、個別的・短期的なものと、累積的・長期的なものとがある。前者は、

生活改善のひとつとひとつの課題の解決のための実践的行動であり、後者は前者の累積活動（これが、さらに高度な生活改善への挑戦を可能にする）である。この場合、前者の積み重ねが後者を形成する関係（微分的変化と積分的変化にそれぞれ対応する）にある。ここで重要な点は、農業生産活動が変化すれば（経営と家計の未分離性ゆえに）やがて生活上に引き起こされる問題に対する課題解決が求められるということである。従って、当然、生活改善の活動や事業の内容（なにを）は常に変化する。開発事業活動を固定した場合、それは動的過程を含む開発にそもそもなじまない。

　第3に、生活改善の本質的意義について指摘しておかねばならない。戦後日本の生活改善は、民主主義的な制度を否定していた戦前期のそれと全く異なり、農民世帯員に対する教育の一環として取り組まれた。そのため、生活改善の導入期から長きに亘って普及方法の実践的改良および考案に取り組み、社会変化を担う主体に働きかけをし、あるいはそうした主体を形成することが重視された。つまり、生活改善は、その導入の契機はともかく、日本の農村において創られた農村開発の教育的な思想であり方法なのである。

2．生活改善アプローチ

　日本の農村生活改善の実践過程の特徴と教訓とに基づいて、農村開発の思想と手法を内包した生活改善アプローチを導き出すことができる。このアプローチと既往の開発アプローチとの比較を簡潔に示したものが表1である。

　一般に、開発プロジェクトは対象国（地域）に「ないもの」を持ち込むか、それが不足している場合は補充することによって目標を達成しようとする。だから、多くの場合、「ないもの」探しの開発調査が

表1　既往の開発アプローチと生活改善アプローチの比較

既往の開発アプローチ	生活改善アプローチ
外部の技術、資源、資本、情報への依存	既になにかあるものからの出発
外来のものによる置き換え	既になにかあるものの改善
大型化	小さな改善の積み重ねとその継続
外部の介入（と依存）、一過性	自助
モノとカネが中心	人間が中心
受動的参加	積極的参加
責任回避と依存の悪循環	人生は改善

出所：水野（2015）、p.81の表1を筆者が加筆修正。

専門家によって行われる。「ないもの」は、資金、技術、人材、市場、情報、施設、制度、システムなど多岐にわたり、また探せばきりがない。また、「ないもの」の探索とその取り扱いについては、専門家の指導を仰がねばならない。

「ないもの」導入型の開発は、一般にモノとカネが中心になることが多い。すると、それらの切れ目が開発の切れ目となり、プロジェクトに終止符が打たれる。従って、開発効果の持続性はもともと望み薄である。「ないもの」がひとつ満たされても、それだけで意味のある重要な効果は期待できない。そこで、「ないもの」の追加、あるいは、2番目の「ないもの」探しとその導入となり、欲求の肥大化につながる。「ないもの」を提供する側は、無限に余力があるわけではないから、付帯条件（良い統治、汚職防止など）をつけるなどするとしても、やがて適当な段階で追加導入を打ち切ろうとする。受け手の側は、それならさっさと見切りをつけ、付帯条件を要求しない新たな支援者に乗り換えるなど、戦略を切り替える。両者の思惑にずれが生じ、溝が深まると責任のなすり合いになるのは、みやすい道理である。開発プロジェクトは他者責任の事業となり、オーナーシップは失われる。

これに対して、生活改善アプローチでは、何らかのすでに「あるも

の」を出発点として開発を構想する。人間が生存＝生活している限り、改善の糸口になる何かが必ずある。従って、このアプローチは、「だれでも、いつでも、どこでも、なにからでも」取り組むことができる開発の仕方ということができる。開発のエントリーポイントが多様であることの意義は大きい。生活改善アプローチの開発プロジェクトは、「なにを」という活動内容ではなく、「いかに」という活動の進め方に本来的な重要性がある。前者は、改善する主体が置かれている現状と当面の目標との関係によって決定され、あらかじめ措定されるものではない。

　生活改善アプローチによる開発プロジェクトの中心は、改善活動を実践する人にある。実践を通して、生活（生産を含む広義の）のみならず、人間主体そのものが改善されていく。だから、生活改善は人間開発を含んでいる。さらに、人間生活が存続する限り、改善の課題や目標が存在するため、生活改善アプローチの開発はもとから持続可能性が内在している。生活者が生活改善活動の主体になる開発は、自己責任の原理に基づいて発起されるので、プロジェクトのオーナーシップは確実である。

　つぎに指摘しておくべき点は、同表からうかがえるように、生活改善アプローチは開発活動や事業に関する改善の思想と実践方法の基本的特徴をわれわれに提示するものであって、それぞれの特徴を要件として兼ね備えねばならないというような性質のものでは決してないことである。また、個々の、そして折々の、あるいはその場その場で取り組まれた活動内容は、いささかも示すものではない。今日のはやり言葉を用いて表現するならば、生活改善は、基本的に、開発のOS（オペレーション・システム）であっても、AS（アプリケーション・ソフト）では決してないのである。前者は使用可能期間が長いのが特徴

であり、後者のそれは短命的・短期的であり、事態の推移にあわせて更新することが当然になっている。このことから示唆される点は、(1)生活改善で「なにを」開発活動として行うかは改善の主体が決定しないと決まらないこと、そして、(2)生活改善を「いかに」実施するかについては日本の経験に基づいて創出された生活改善アプローチが有効であることである。

　もうひとつの重要点として、生活改善アプローチの開発に、その開発に必要とされている「ないもの」が付加されるならば、その効果は驚くほど大きいことを指摘しておかなければならない。この意味で、ふたつの開発アプローチは相互補完的であり、大いに相乗効果が期待できる。既往の開発アプローチは、開発主体（農民）の生活上の何らかの不足状態を外部から補充しようとするものである。逆に、生活改善アプローチは何よりもまずできることから事を始めるものである。そして、両者のアプローチが適切に組み合わされ、生活改善アプローチの下で、必要であるにもかかわらず不足している技術、情報、資源、資本、思考等が補充されると、大きな相乗効果が期待できる論理は明白であろう。戦後日本の生活改善における具体例に即して述べれば、そもそも生活改良普及員（制度と配置）がこれに該当する。

3．農業・農村と生活改善

　つぎに、改善という漸進的な変化に関する意義を、農業、とりわけ小規模家族農業を営む人びとを対象に考えてみる。小規模家族農業の場合、生産活動の拡大や効率化だけで、家族の生活目標は充足されず、生活改善は完結しない。生産活動が生活活動の領域と複合しているためである。そこでは、生産の改善が生活の改善に結びつくことが必要であり、またそれは農民世帯員自身が主体となって実現を図るもので

あって、外部者の支援はたとえ存在するとしても限定的なものにとどまる。農村生活改善が生活の改善をうたう論理的必然性はここにある。歴史具体的には、日本の場合、農村生活改善において「考える農民」を育てるとしていたことはよく知られている。これは、日本の農村生活改善が優れて教育的使命を目標に掲げていたことを示唆するものであり、長期的、永続的な取り組みを生活改善の主体である農村住民、とりわけ農家女性や青年に対して働きかけてきたのである。この点を忘却した結果、生活改善は日本では農政課題から排除されてしまったが、農家が存在する限り生活改善は常に必要不可欠な価値目標実現の活動であることに変わりない。

　高所得国であるか低所得国であるかを問わず、小規模家族農業世帯においては生活改善が不断に取り組まれる必要性が常に存在する。農民世帯の所得水準が都市の勤労者世帯のそれに匹敵する段階になったとか、それを凌駕する水準に達したからといって、生活面において価値目標が充足された状態が実現されているとは限らない。実際、日本のみならず、世界各地で農業と農村が次世代の人びとから忌避され、見捨てられつつある現状を想起するならば、農民や農業者は今や新たな生活改善の課題に直面しているということができる。日本の農家、農村においてもいまなお生活改善が待たれているといって過言でないのである。

IV．生活改善の政策的、実践的含意―むすびにかえて―

　改善は、日常的な微分的変化を一定期間にわたって（生活改善の場合は究極的には人生そのもの）連続的、継続的に実践することによって目標を達成（積分値の追求）するものである。このことから、まっ

たく自動的に引き出される生活改善の特徴は、常に対象とする活動が変化し、進化し、高度化することである。ここで、生活改善が、「何を」よりも「いかに」に重点を置く行動を意味することに留意したい。ともすれば、改善は、改革、改造、革命との対比で、微温的、表層的、一時的、問題の本質先送り的というイメージを与えることがあるが、これは生活改善アプローチに関する限り必ずしも当てはまらない。改善が、継続的、継起的に実践されるとき、後者に勝るとも劣らない変化が招来される。しかも、漸進的に変化を遂げるので、急激な変化に伴う社会的調整コストはより小さくてすむ。時代の経過とともに、農民生活は高度化し生活改善の課題も当然のことながら複雑化する。しかしながら、リスク回避的行動様式を前提とする限り、農村開発で求められるのは、容易で、直ちに実行可能で、効果が期待できる小さな改善を積み重ねていく取り組み方法なのである。

　SDGs時代の途上国の農村開発は、世界の貧困問題の解決においてなお重要な役割を担っている。しかし、そこにとどまっている限り、海外出稼ぎによって貧困から脱出を図る途上国の農村若年層に働きかける開発を果して提示できるか否か疑問なしとしない。これに関連して、日本の農村開発の経験から導かれた生活改善アプローチは、開発事業を単一の部門に限定せず、生活領域の他の部門へ連続的、漸進的に拡張していくことにより、農村民の生活向上を実現することが可能なことを教えている。途上国の農村開発にとって、この開発アプローチが含意する重要な意義は、なにを実施すべきかよりも、いかに実施すべきかを教えている点にある。出発点は手元で容易に入手できる資源で琴線に響く身近な課題の解決に取り組むことにある。誰でも、いつでも、どこでも、地元資源による農村開発に着手することが可能なことを教えてくれる実践方法なのである。この意味では、貧困に直面

している途上国の農民に限らず、先進国（特に日本）の農村においても、生活改善の思考と実践行動が従来よりもいっそう積極的に（再）活用されることが期待されるのである。

注
（1）World Bank（2015）．
（2）SDGsの開発目標等は、例えば、国連開発計画（UNDP）のHPで簡単に閲覧できる。
（3）水野（2008）参照。
（4）UN System Task Team on the Post-2015 UN Development Agenda（2012），paragraph 20, 参照。
（5）Ⅲ以下は水野（2015）の一部を大幅に改変したものである。
（6）ここでは戦後日本の農村生活改善それ自身の紹介は紙幅の都合によりできない。途上国開発研究の視点からみた日本の生活改善については水野（2005）を参照。

参考文献
水野正己（2015）「生活改善「ブーメラン」―日本から世界へ、そして再び日本へ―」、国際開発学会第26回全国大会報告論文集、pp.80-84。
水野正己（2008）「農村開発論の展開と課題」水野正己・佐藤寛編著『開発と農村―農村開発論再考―』、アジア経済研究所、pp.15-50、278p。
水野正己（2005）「『生活改善』と開発：戦後日本の経験から」佐藤寛・青山温子編著『生活と開発』、日本評論社、pp.213-232、239p。
UN System Task Team on the Post-2015 UN Development Agenda, (2012) *Realizing the Future We Want for All：Report to the Secretary-General.*
World Bank（2015）, *Migration and Remittance Factbook 2016.*

第3章
途上国の園芸作物輸出と農村開発

高根　務

　経済のグローバル化が進展するのにともない、途上国の農村と世界市場との結びつきは以前にも増して強まっている。特に、野菜や果物などの園芸作物の輸出は、途上国の経済成長や農村住民の所得向上にとってますます重要となってきている。本章では、輸出向け園芸作物の生産と流通に注目し、その発展が途上国農村の住民にとって新たな経済機会になりうるのかどうかを検討する。

Ⅰ．園芸作物貿易の特徴

　世界の園芸作物の輸出額は、近年著しい増加傾向を示している。たとえば野菜の輸出額（図１）は2000年代を通じて増加しており、その額は10年あまりの間に２倍以上に増加した。園芸作物の生産と輸出は、拡大を続ける成長産業となっている。
　園芸作物の貿易を国別に見ると、いくつかの重要な特徴が明らかになる。まず、主要な輸入国は、ほとんどが先進国である。野菜の主要輸入国を示した図２[1]にみるように、アメリカやEU諸国の野菜輸入額が多い。つまり、生産者や企業が野菜輸出で利益をあげようとする場合、その主たるターゲットは必然的に先進国の消費者となる。他方で野菜の主要輸出国には、先進国の他に中国やメキシコなども含ま

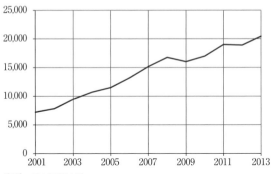

出所：FAOSTAT
図1　世界の野菜輸出（百万ドル）

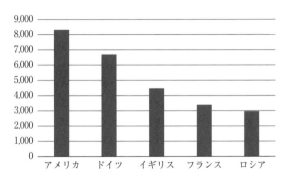

出所：UNCOMTRADE
図2　野菜の主要輸入国（2014年、百万ドル）

れている（図3）。

　園芸作物貿易のもう一つの特徴は、輸出国と輸入国が地理的に近い場合が多いことである。野菜の主要輸入国とその輸入先の例で見ると、アメリカ合衆国はメキシコから、ドイツはEU諸国から、日本は中国から主に輸入している（図4）。このような輸出国と輸入国の地理的近さの背景には、以下の2つの要因がある。第1は、園芸作物の作物特性である。作物の鮮度が決定的に重要である野菜や果物においては、

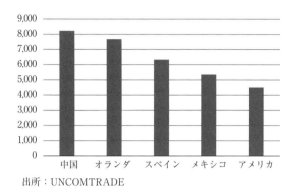

出所：UNCOMTRADE

図3 野菜の主要輸出国（2014年、百万ドル）

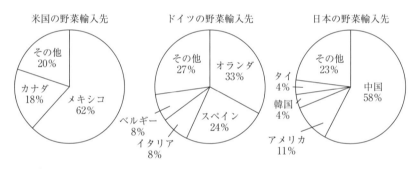

出所：UNCOMTRADE

図4 野菜の輸入先（2014年）

収穫後できるだけ早く作物を消費者のもとに届けることが求められる。そのため貿易相手国との距離の近さがそのまま輸送時間の短縮につながり、作物の鮮度維持にとって有利になる。第2に、輸送コストである。貿易相手国との距離が近いことは即ち輸送コストを低く抑えることができるということであり、遠距離の生産国と比べて価格競争力の面で有利である。また輸送時間を最小限に抑えて作物の鮮度が落ちないようにするためには、空輸が必要となる場合が多い。空輸の場合は

重量あたりの輸送コストがほかの輸送手段よりも高いため[2]、輸出先との距離が遠い生産国ほど輸送コストの面で不利になる。これら2つの理由から園芸作物の輸出国と輸入国は距離的に近い場合が多く、中南米諸国は北アメリカ市場を、アジア諸国は日本市場を、中東・アフリカ諸国はEU市場を主な輸出先としている。

　園芸作物の生産においては、途上国側に有利な点がいくつかある。最大の有利性は、生産コストの低さに起因する価格競争力である。労働力や土地利用のコストが先進国と比べて低い途上国では、同じ作物を先進国よりも格段に安く生産できる。そのため途上国から先進国への輸送コストを加えても、途上国産の園芸作物には先進国産のものよりも価格競争力がある。加えて、熱帯・亜熱帯に位置する途上国では1年を通じて作物生産が可能であり、先進国では生産が難しい（あるいは生産コストが非常に高くなる）冬季には、途上国産の園芸作物はさらに有利になる。

　他方、鮮度の維持と輸送時間の短縮が重要な園芸作物の貿易においては、途上国での生産が不利になる場合もある。園芸作物の品質を保持したまま消費国に届けるためには、冷蔵保存などの収穫後管理を適切におこない、できるだけ早く空輸するなどして消費国に輸送しなければならない。これらを可能にするためには、国内輸送を迅速におこなえるよう道路などの交通インフラが十分整い、鮮度保持のための冷蔵施設などが空港等に完備され、生産国から消費国への直行便が頻繁に確保されていなければならない。さらに、収穫後の輸送が全ての段階でスムーズにおこなわれるよう、輸送手段を確実に確保し、通関手続きを迅速におこなうなどの、物流マネージメントの能力も必要である。これらが整っていない国は、園芸作物の輸出国として生き残ることはできない。

Ⅱ. 消費市場の特徴と途上国

　次に、作物を輸入する消費国の側から見た園芸作物貿易の特徴を見てみよう。園芸作物を輸入する消費国側の第1の特徴は、スーパーマーケットチェーンの影響力の大きさである。園芸作物の主要輸入国である先進国（アメリカ合衆国、EU諸国、日本）では、小売業界における大手スーパーマーケットチェーンのシェアが大きく、生鮮の野菜・果物の分野では特にその傾向が強い。これら大手スーパーマーケットは、品質と価格に関する供給側への要求が厳しく、また野菜や果物を世界中から調達しているため、ある供給国が要求に応えられない場合はすぐに別の供給国に注文先を変える。さらにスーパーマーケットは、同一品質、同一規格の商品[3]を、大量かつ継続的に供給することを求める。また消費者の嗜好の変化や季節的な需要の変化に対応して、要求する内容も頻繁に変わる。供給する側の生産者と輸出企業には、これらスーパーマーケットの要求に応える能力が必要である。

　消費国側の第2の特徴は、食品の安全性、および生産現場での環境配慮と労働条件に関して、これらを保証する認証を求めるケースが多いことである。そのような認証の代表的なものに、GLOBALGAP（グローバルギャップ）がある。GLOBALGAPは1996年にイギリスとオランダの小売企業が始めた自主的な「適正農業規範（Good Agricultural Practice）」であり[4]、政府による公的規制とは異なる。現在GLOBALGAPは、ヨーロッパの大手スーパーマーケットチェーンのほとんどが採用しており、スーパーマーケットに食品を供給する全ての生産者は、認証機関の個別審査に合格してGLOBALGAPの認証を取得しなければならない。認証取得のために生産者が従わなけれ

ばならない条件は、化学肥料や農薬の使用に関する制限、生産現場における環境への配慮、生産現場で働く労働者の健康や権利の保障など、非常に多岐にわたっている（囲み記事参照）。GLOBALGAP認証を取得するためには、輸出する園芸作物を誰がどの圃場で生産したのかが追跡可能であり（トレーサビリティの確立）、かつ生産に関する情報が全て記録され、いつでも提示できるようになっていなければならない。

　スーパーマーケットチェーンがGLOBALGAPを採用して輸出国側に厳しい条件を課している背景として、以下の2点が指摘できる。まず、消費者が求める食品の安全性・環境配慮等に応えるという、消費者対応の側面である。GLOBALGAPという厳しい基準をクリアしたもののみを輸入していることをアピールすることによって、自社が扱う食品の安全性・倫理性を消費者に説明することができる。もう一つは、統一的な認証を世界中の供給者に等しく課すことによって、多くの輸出国から調達する食品の標準化・規格化を達成できるという実際的な側面である。第三者機関がおこなう生産現場での調査と、その結果として与えられる認証の取得を供給側に義務づけることによって、スーパーマーケットチェーンは世界中に多数ある供給元を自社で検査する手間とコストを省くことができる。

囲み記事
　GLOBALGAPのホームページでは、認証取得のために生産者が従わなければならない多くの諸条件が公開されている。それら諸条件の一部を、下記に紹介する（カッコ内には、その条件が実際に意味するところを筆者が加筆した）。要求されている条件を満たすためにはかなりの費用がかかることがわかる。

- 化学肥料は清潔で乾燥した場所にカバーをかけて保存し、作物や水源とは分離すること。（生産者は化学肥料専用の保管庫を建設する必要がある。）
- 農薬の使用は最低限とし、許可された種類に限る。その保管庫は、耐火性があり換気可能であること。農薬は適切な温度で保管し、ほかの資材とは別に保存すること。農薬散布作業をおこなう者は、防御服を身につけること。（農薬保管用の倉庫を建設し、農薬散布用の防護服を購入する必要がある。）
- 収穫作業をおこなう労働者が、清潔なトイレと手洗い場を使うことができること。また彼らが適切な作業服を着用しており、労働者用の更衣室があること。（収穫作業員のためにトイレ、手洗い場、更衣室を建設し、作業服を購入する必要がある。）
- 収穫後作業で使用する水が汚染されていない証明があること。また収穫後作業をおこなう場所に動物が入れないようになっていること。（収穫作業場に水道を引き、作業場の周囲に動物よけの塀を建設する必要がある。）

Ⅲ．園芸作物輸出と途上国の小農

　これまで見てきたように、世界的に園芸作物の貿易規模は拡大し、同時に消費国側が生産国側に求める要求は厳しくなっている。このような現状の中で、途上国の小規模な家族経営の生産者（小農）は、輸出用園芸作物の生産を担い、そこから利益を享受することができるであろうか。もし途上国の小農が輸出用の園芸作物の生産を担うことができるならば、作物の販売を通じた所得向上などの直接的な利益はも

とより、農業生産に関する技術の習得や関連産業の活性化などの間接的な利益も大きい。以下では、途上国の小農が直面するさまざまな制約に注目しながら、園芸作物輸出と小農生産の関係を検討する。

1. 輸出用園芸作物生産における小規模経営と大規模経営

多くの農作物の生産においては、経営規模が大きいほうが効率的に生産できるという「規模の経済性」が働く。たとえば穀物生産においては規模の経済性が働くため、大規模経営のほうが生産物一単位あたりの生産コストが小さくなり、小規模生産者は大規模生産者との競争に勝てない。コンバイン・ハーベスターなどの大型機械を使って農作業をおこなうアメリカの大規模経営の穀物生産に、日本の小規模な農家経営が太刀打ちできないのは、この規模の経済性によるところが大きい。

ところが園芸作物の生産においては規模の経済性が働きにくいため、小規模経営は生産効率の面で大規模経営より不利にはならない。多くの園芸作物の生産では、大型機械よりはむしろ、人手を使った丁寧な農作業が要求されるケースが多いからである。例えばイチゴなどの傷みやすい果物や葉物野菜などの収穫では、機械で収穫すると傷がつくなどして商品価値がなくなるため、手作業による注意深い作業が要求される。大規模経営の農場で多くの農業労働者を雇ってこれらの作業をさせることもできるが、賃金が固定されている農業労働者には、丁寧で注意深い農作業をするインセンティブがない（イチゴに傷がついたからといって自分の給料が減るわけではないから、農業労働者はいいかげんな仕事をしがちである）。他方で家族経営の小規模農家の場合は、自分がおこなう丁寧で注意深い農作業が商品の品質を高め、それが自分の所得を高めることに直接つながるから、自ずと丁寧な農作

業を心がける（イチゴに傷がついて損をするのは自分自身である）。したがって園芸作物生産では、家族経営による農作業の質は大規模経営での農作業の質よりも高くなり、これが商品の価値を高めて利益に直結する。このように園芸作物における小規模生産は、生産効率性や必要な労働力の質の面で、大規模経営に劣らない。

２．スーパーマーケットと小規模経営

　生産コストの低さや通年栽培が可能なことから先進国より途上国が有利であり、また規模の経済性が働きにくく家族労働の質の良さが小規模経営に有利に働くとすれば、輸出用園芸作物の生産では途上国の小農が中心的役割を果たすことが可能であるように見える。しかし現実には、小農による輸出用園芸作物の生産には困難がともなう。最大の障害となっているのが、先に述べたような消費国側からの要求の厳しさである。

　まず、園芸作物の買い手である大規模スーパーマーケットチェーンは、同一品質・同一規格の野菜や果物を、大量かつ継続的に供給することを輸出国側に求める。しかし、輸出企業が多くの小規模生産者から作物を調達することで必要量をそろえて輸出しようとする場合、個々の小農が生産した作物の品質や規格はバラバラになりがちである。個々の小農は品質のよい作物を生産することができるが、全ての小農が同じ品質・規格のものを生産するのは困難である。また、大量の作物を調達するためには多くの小農と取引する必要があるが、集荷や輸送にかかる時間的・金銭的コストが大きくなるうえ、必要な量を常に確保できるとは限らないというリスクもある。

　次に、GLOBALGAPの認証取得に関わる困難さである。認証取得のためには非常に多くの条件を満たさなければならず、農民のトレー

ニングや新たな設備投資が必要になるため、小農が独力で認証を取得するのは不可能である。たとえばケニアで野菜生産者が認証取得に要する費用は、小農が野菜生産から得る所得のほぼ6年分に相当したとの試算もある（Graffham et al. 2007）。小農個人がこのような費用を負担するのは難しいため、実際には小農から野菜を調達している輸出企業や援助機関がこの費用を負担せざるをえない。

　スーパーマーケットの要求に対応する必要性や認証取得の必要性が高まる中で、途上国における輸出用園芸作物のサプライチェーンでは、以下の2つの変化が見られる。第一は、生産と輸出を一つの企業がおこなう垂直統合の進行である。以前は園芸作物を国内各地から買い上げて輸出していた輸出企業が、自社農場を新たに設立して作物を生産しそれを輸出するようになる、というのが垂直統合の典型例である。多くの生産者から作物を買い上げていたのでは品質や規格を統一することができず、またGLOBALGAP認証の取得にも手間とコストがかかる。それならば輸出企業が自前で大規模農場を新たに設立し、そこで統一された方法で生産をおこなえば、「同一規格・同一品質・大量供給・継続供給」というスーパーマーケットの要求に応えることができる。また認証も自社で取得すれば、外部の農民をトレーニングしたり費用を肩代わりしたりする必要はない。したがって垂直統合は、輸入国側の要求に応えるのに適当な方法である。ただしこの方法には、リスクやデメリットも伴う。先に見たように、園芸作物における大規模生産は必ずしも効率的とは限らないため、外部の生産者から調達するよりもコストがかかるかもしれない。また農業生産特有のリスク（天候不順・病虫害など）を、輸出企業は新たに背負い込むことになる。さらには、土地不足や政府の規制などによって、国によっては大規模に土地を入手すること自体が難しいかもしれない。輸出企業はこれら

のメリット・デメリットを勘案したうえで、垂直統合を採用するか否かを決定することになる。

　第2の変化は、外部から作物を調達する方法を維持したままで、輸出企業が生産者への管理を強める傾向である。供給元の農民に生産を任せるのではなく、使用する農薬や化学肥料を輸出企業が生産者に提供して使用量や使用時期を指定するなど、生産工程全体を輸出企業が管理する。このような管理方法を採用し、かつ供給元を経営規模の大きい少数の生産者に絞ることによって、品質や規格のばらつきを最低限に抑えることができる。また外部から調達する方法をとれば、垂直統合の場合のように輸出企業自らが農業生産のリスクを負う必要がないというメリットもある。ただし、調達先の生産者それぞれにGLOBALGAP認証を取得させる必要があるというデメリットは残る。

Ⅳ．おわりに

　輸出用園芸作物の生産における途上国の小農の役割は、主要輸入国である先進国の消費市場に大きく規定される。食品の安全性や生産現場での環境問題・労働問題に関する消費者の関心の高まり、それに呼応した認証取得の義務づけの動き、そして大規模化・寡占化が進む小売市場でのスーパーマーケットの影響力などが、園芸作物のサプライチェーンを通じて途上国の生産者にさまざまな影響を与えている。これらの動きは全体として、途上国の小農が輸出用園芸作物の主要供給者となる際の障害となる場合が多い。

　このような現状において、途上国政府や援助機関は何をなすべきであろうか。選択肢は大きく分けて2つある。1つめは、小農が輸出用園芸作物の供給者としての役割を担えるように積極的に支援する方向

性である。具体的な方策としては、GLOBALGAP認証を小農が取得できるよう技術面・資金面で支援すること、輸出企業と生産者との間を取り持つことで両者をマッチングさせるような支援をおこなうこと、小農の組織化を通じて作物の大量供給が可能になるよう支援することなどが考えられる。

　2つめの選択肢は、小農にとってのハードルが高い先進国向け輸出市場にこだわらず、より参入しやすい市場（国内市場や近隣の途上国市場）への供給を目指す方向性である（Jaffee et al. 2011, Holzapfel and Wollni 2014）。先進国向けの輸出市場をターゲットとする場合、そこから得られる利益は大きいものの、それを実現するための技術的・資金的負担も大きい。たとえ政府や援助機関の支援によってGLOBALGAP認証を取得できたとしても、小農がその後も継続的に輸出市場向けのサプライチェーンにとどまることができるとは限らない。また、技術・資本・経営規模に劣る零細な貧困層農民が、一足飛びに輸出市場に参入するには多くの困難がともなう。そのような小農に対しては、困難が少ない国内市場をターゲットとした生産を奨励するなど、より現実的な支援が必要である。輸出市場向けをターゲットとする小農支援は、その実現可能性が高い場合に限るべきであり、やみくもに輸出向け園芸作物生産を奨励する支援は慎まなければならない。

注
（1）図1のFAOの統計はイモ類やニンジンなどの根菜類を含まない数値であり、図2〜図4のUNCOMTRADEの統計は根菜類を含む統計である。
（2）他方、鮮度が重要でない穀物は、輸送時間がかかっても問題ないため船による大量輸送が可能である。この大量輸送の結果、重量あたりの

輸送単価は低くなり、遠隔地に輸出してもコスト面での競争力は維持できる。たとえばアメリカ産トウモロコシを日本向けに、ブラジル産大豆を中国向けに、というような距離の遠い国への大量輸出がおこなわれているのは、長距離輸送をしても重量あたりの輸送コストが低く価格競争力が維持できるためである。
（3）例えばパイナップルであれば、サイズ、糖度、酸味度が均一なもの、インゲンであれば長さと太さが均一で形状がまっすぐなもの、などである。
（4）当初の名称はEurepGAPであった。

参考文献

高根務（2016）「アフリカの家族農業と農業開発：ガーナとマラウイの事例から」開発学研究　26（3）、pp.22-29。

Graffham, A., Karehu, E. and MacGregor, J. (2007) Impact of EurepGAP on small-scale vegetable growers in Kenya, International Institute for Environment and Development.

Holzapfel, S. and Wollni, M. (2014) Is GlobalGAP certification of small-scale farmers sustainable? Evidence from Thailand, Journal of Development Studies, 50 (5), pp.731-747.

Jaffee, S., Henson, S. and Rios, L. D. (2011) Making the grade: Smallholder farmers, emerging standards, and development assistance programs in Africa - A research program synthesis, (Report No.62324-AFR), The World Bank.

第4章
開発途上国の農業・農村開発における農業経営研究の貢献について

山田　隆一

Ⅰ．はじめに

　これまでの開発途上国における農業経済・経営研究の多くは、ODAやNGOが行う実際の開発からは独立した現状解明型研究であった。開発は現実を変えていくものであるのに対して、研究はその基礎を与えるものである。研究開発とよく一言で言われるが、開発途上国の国際協力の現場では、研究から開発までの連続性が必ずしも担保されていないのがこれまでの状況であった。何故か？
　1つには、研究の評価がやや偏っていることが挙げられる。特に、日本の研究機関においては、海外と比較してアカデミズムに相対的に高い価値が置かれていると言われることがよくある。実践のための研究、開発のための研究というものが、十分な評価を得られていない状況がそこにあるといえよう。
　もう1つには、開発関係者の間に、研究、特に農業経営研究が実際の開発現場でどのように役立つのか、明確なイメージがなかったものと思われる。しかし、実際の開発の方向付けを与えたり、その開発の効果を評価したりするときに、農業経営学の貢献は大きいのである。また、そこに、農業経営学的な考察がない場合には、実際の開発が制

約され、開発の効果や条件を一般化することができないというような事態にもなりかねないと考えられる。

　そこで、本章では、農業経営研究が開発途上国の農業・農村開発にどのような貢献をし得るのかということを考察していくこととする。ただし、本章での農業・農村開発については、主として1990年代より注目されてきた参加型開発を念頭においている。

Ⅱ．農業・農村開発についての基本認識

　農業・農村開発には次の2つの側面がある。1つは、経済開発である。これは、インフラ整備（水利施設の整備、道路整備、電気など）や様々な農業技術開発である。インフラ整備は、通常、当該国およびODAによって推進される。農業技術開発は研究者、あるいは農家自身によって推進される。もう1つの側面は、社会開発である。これは、教育、保健・医療、ジェンダー、農村金融（特にマイクロファイナンスなど）、農村生活、住民組織化（エンパワーメントなどとも関連）などである。経済開発と社会開発は車の両輪のようなものである。ODAの農業・農村開発の1形態として総合農村開発[1]（1970年代に流行、今も継続）が挙げられるが、まさに経済開発と社会開発をセットにしたところに「総合」の意味があった。これは、灌漑施設整備、農業資材供与、技術普及、小規模金融などのセット（パッケージ）による総合開発で主として小農をターゲットとしているところに特徴がある。

　しかし、こうした総合農村開発の主要な反省点の1つにトップダウン型のプロジェクト形成による地域住民ニーズとの乖離の問題がある（斎藤　2005、p.61）。そうした反省はやがて1980年代の営農体系研究

（ファーミングシステム研究）や1990年代の参加型開発へとつながっていった。

　参加型開発とは、住民主体の、あるいは農家主体の開発のことであり、それは単に住民ニーズ、農家ニーズにもとづく開発ということに留まらず、究極的には、住民、農家が開発主体となることを意味している。ただし、現実には、参加にはいくつかの段階がある。野田（2000）は参加の段階を住民の①労力提供（外部者がすべての計画を立て、住民は労力負担を行う）、②住民との相談（住民の意見を聞きながら外部者が計画作成を主導する）、③住民の主導権（外部者のサポートを得つつも、住民が自ら計画をつくり、プロジェクトを推進する）の3つの段階に分類しているが、参加型開発といえるのは②、③に対応した開発のことであると考えられる。

Ⅲ．農業・農村開発現場の現状把握における農業経営研究の貢献

　さて、「農業・農村開発についての基本認識」でみたような変遷を経て、現在、NGOだけでなく、ODAにおける農業・農村開発においても、PRA[2]やPCM[3]といった参加型開発手法を取り入れた農村開発が主流となってきた。そこで、このような開発の中で、農業経営研究がどのように貢献できるかということを以下、考察していく。

　農業・農村開発の出発点としての現場ニーズ把握の基礎となる問題点発掘は、通常、PRA、PCMによって行われる。また、ベースライン調査も行われることが多い。通常、ここからプロジェクトが始まるが、ここで、以下のことを考慮する必要があるのではないだろうか？

　（1）PRA、PCMは、迅速性と参加性に優れているが、参加農家数が限られるし、どのような農家層を代表した農家であるか必ずしも特

定できない。PRAで村全体のことを把握したつもりになっていても、個々の農家では、あるいは農家階層ごとでは状況が異なるということに留意しなければ誤解を招く恐れがある。一定以上の大数調査（質問票調査）による問題把握が必要な所以である。チェンバースはPRAと従来の農家調査（質問票調査）を比較して、質問票調査の問題点を指摘する[4]一方で、PRAの優れた特徴を説明しているが、PRAが農家調査を代替することはできないのである。両者は補完関係にある。代表性が確保されなければ、単なる1事例に過ぎなくなってしまうからである。

（2）海外の農村でPRAを行っていると、資本不足、技術不足という言葉がよく出てくる。しかし、ただ、そこだけにとどまっていては理解が深まらないし、それ故問題解決の道は遠い。ベトナム人によるPRAでは、機械的にPRAを進めていくことが極めて多かった。PRAのファシリテーター（多くの場合、現地研究者などがその役割を演じている）の腕の見せ所は農家の問題点をいかに深く引き出すかということにある。鈴木福松の言葉を借りれば、「なるほど調査」ではなく、「いもづる」調査が大事なのである（国際協力事業団農業開発協力部2000）。鈴木はこれを農家聞き取り調査のあり方として述べている。PRAのような参加型手法でこうした点に留意することももちろん重要であるが、それには限界がある。迅速性や参加性と両立しなくなる恐れが生じるからである。例えば、PRAで、資本不足から始まって、その理由、背景を次々「いもづる」調査で進めていくと、PRA全体の時間オーバーにつながるし、農家への質問と回答という繰り返しになる恐れがあり、通常の農家聞き取り調査と変わらなくなる可能性が強いからである。よって、PRAに続く農家聞き取り調査が別途、必要となってくるのである。しかし、開発途上国の研究者の場合、特に

PRAや簡単な概況調査だけで満足し、そこから先の考察が深まらない場合が多い。ここで考えなければならないことは、PRAなどで出された問題点などは、あくまで農家意識である。重要なことは、その農家意識としての問題点認識の背後にある農家経済・農業経営構造の把握であるはずだ。主観と客観の統一的把握がぜひとも必要である。PRAもPCMもいずれも農家の意識を明らかにすることがその基本にあるが、その農家意識はどこから来るのか？　そこに、農家経済・農業経営構造を把握する意義があろう。以上のような把握を成功させるためには、まず、PRA、PCMやそれを補足する自由回答式の概況調査で問題の所在を把握し、そこから仮説を立て、次の調査に結びつけるということ、さらにはその後、農村に何度も通い、現実と仮説の往復を繰り返す中で仮説を精緻化していくということである。その上で、仮説実証型の質問紙調査を行い、その調査結果の効果的な分析につなげていくことである。しかしながら、開発途上国研究者の場合、実践や応用を急ぐあまりに、この基本的プロセスが疎かになっているのである。また、日本人研究者の場合には、逆に、PRAやPCMを実施せず、簡単な概況調査を行うかそれもなしにいきなり質問紙調査を行うというようなことがよくみられる。PRA、PCM、あるいはRRA[5]から農家概況調査を経て、質問紙調査による農家経済・農業経営構造の把握へと進んでいくことが望ましいプロセスであると考える。

Ⅳ．開発効果の評価における農業経営研究の貢献

　1990年代より参加型開発が主流となってきたものの、一方で、参加型開発の効果が分からないという議論も根強かった。それは参加型開発の効果をこれまで十分に評価してこなかったことと関連しているも

のと考えられる。そこで、農業経営レベルでの評価が必要なのである。参加型開発の多くはサイトスペシフィック[6]であるから、その評価においては、対象地域の農家経済・農業経営の視点が必須である。

1. 開発効果の評価における貢献

多くの農業・農村開発はその目標を農家経済の向上に置いている。その目標を達成したかどうかの評価は、通常、ベースライン調査に対するフォローアップ調査という形で行われるが、開発の効果を農業経営レベルでみていくこと、すなわち農業経営要素のそれぞれの変化とその相互作用、および変化の要因にまで踏み込んだ調査を今後、積極的に行っていくことによって、当該開発プロジェクトが1成功事例に留まらず、一般化する可能性を切り開くことができよう。例えば、開発過程における土地利用、労働力利用、資源・資本利用、経営者能力などの変化を分析することが重要であろう。渡辺兵力（1978）は、経営変化の類型として、①土地・労力における変化、②作目構成の変化、③資本・技術の変化、④経営成果の変化、⑤経営者の個人的事情の変化の5つを挙げている。このうち、土地・労力は現実の農業経営にとっては与件的意味合いが強いため、この2つの変化は経営にとって、最も基本的な変化である。具体的には、経営地面積の増減は、経営規模変化の基本であるし、家族労力投入量の変化は経営集約度[7]の変化である。また、資本と技術については、新技術の採用などに伴う技術の変化は経営が利用する資本財の変化を伴うからここでは一括して取り扱われている。原則として、資本は技術と結びついているから、資本に変化がみられるときには農業技術の変化に注意する必要がある。経営成果の変化は上記①～③の変化や価格条件などの変化の結果として起こるものである。最後に、農業経営者の個人的事情については、

経営者の価値観、考え方、また経営者能力などであるが、これらの変化が上記①～④の変化に影響を及ぼす（渡辺　1978）。ここでいう経営者の価値観や考え方は経営目標を形成し、これが経営管理を規定するということとほぼ同じことをここで渡辺は説明していると考えてよいであろう。

　さらに、上記の変化の要因分析、あるいはその背後にある社会経済環境による影響分析などが、十分に行われる必要がある。理想は、農家経済・農業経営のモニタリングである。

２．開発の制約要因把握における貢献

　鈴木福松は東南アジアの農業を、かつて東畑清一が戦前の日本農業について語った言葉と同じく、「生産はあって経営はなし」と評している。つまり、開発途上国の農業については、経営の組織化、運営、管理などのいわゆる本来の経営研究（経営管理研究）を行うには無理があると言っているのである。さらに、彼は、農家の生産・経営は、土地所有制度、水利用制度、金融制度などの生産関係をとおして運営されているものであるから、農業生産や個別経営の改善問題を考えていくには、それを取りまくこうした生産関係を究明してゆかねばならないとし、それを、いわゆる本来の経営研究（経営管理研究）に対して、生産構造的な経営問題と呼んだのである（鈴木　1977、pp.73-74）。そして、鈴木福松は、結論的に、開発途上地域においては、経営管理問題を内容とする調査よりも生産構造的な経営問題を内容とする調査の方が有意義で望ましいと主張した（鈴木　1977、p.80）。

　鈴木は、ファーミングシステム（営農体系）を説明する中で、図1のような模式図を描いた（鈴木編著　1997）。ここで、注目すべきは、太線内の個別農家経済とその外部環境との関係の複雑さである。外部

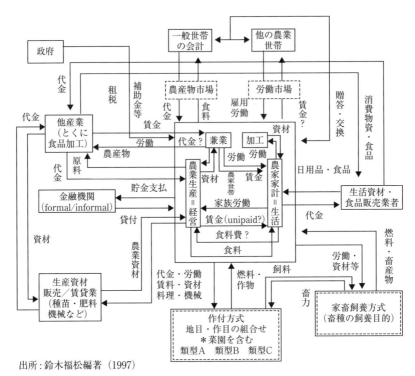

出所:鈴木福松編著(1997)

図1 農耕・生活システムの「モノ」と「カネ」の「ヒト」による取引の流れ

環境の中には、政府（政策・制度環境）の他、農産物市場、労働市場、生産資材販売／賃貸業者、生活資材・食品販売業者、金融機関などの市場環境などが存在する。この個別農家経済と外部環境との関係の中に、生産構造的な経営問題があるのであり、これは開発の制約要因把握において、重要な視点であると考えられる。

鈴木の主張する開発途上国農業経営学は、その成果の受け渡し先は政策・制度に責任をもつ行政当局ということになろう。そして生産構造を変えるような政策を提言する基礎を生産構造的な経営問題を内容とする調査から導き出そうとするものであると理解できる。

V．結び

　本章は、開発途上国における農業・農村開発の基本認識を示した上で、農業・農村開発への農業経営研究の貢献に関し現状把握における貢献と開発効果の評価における貢献について考察してきた。そこで明らかにされたことをまとめることで結びに代えたい。

　第1に、農業経営研究の基礎となる農家経済・農業経営調査は、迅速性と参加性を特徴とするこれまでの参加型手法であるPRAやPCMに続いて実施することにより、これら参加型手法の弱点としての代表性を補うことができる。また、農家経済・農業経営調査は、PRAやPCMが基本とする農家意識の背後にある農家経済・農業経営の構造を把握するという意義を有する。

　第2に、開発途上国における農業・農村開発の過程における土地、労働力、作目構成、資本、技術、経営者の価値観・能力などの変化とその要因などを農業経営研究において分析することによって、単なるフォローアップ調査を越えた農家経済・農業経営レベルでの農業・農村開発の効果の把握が可能となる。

　第3に、開発の制約要因を考える上においては、個別農家経済と外部環境（政策・制度環境や市場環境）との関係の中に存在する生産構造的な経営問題をみていくことが重要な視点であるということである。

注
（1）総合農村開発は、「農業の生産性向上のための灌漑施設の充実・肥料や農薬の供与・新しい農業技術の普及指導にくわえて、保健、衛生、また小規模金融といった多方面の対策を総合的に打ち出した。」（斎藤2005、pp.60-61.）

（2）PRA（Participatory Rural Appraisal）とは、「地域住民が自らの生活の知識や状況を共有し、高め、分析し、さらに計画し、行動し、監視し、評価することを可能にする、一連のアプローチや方法のことである。」（ロバート・チェンバース　2000、p.249.）。なお、PRAの具体的手法は、資源地図、村の歴史、季節カレンダー、営農や生活における問題点整理、原因—結果関係の整理などである。

（3）PCM（Project Cycle Management）とは、「開発援助プロジェクトの計画・実施・評価という一連のサイクルをプロジェクト・デザイン・マトリックス（PDM）と呼ばれるプロジェクト概要表を用いて効果的・効率的な運営管理を目指す」手法である（FASID 2001）。

（4）チェンバースは、質問票調査について、「時間と経費がかかり、学ぶまでには時間がかかりすぎ、他の学習を犠牲にして割かれる資源、誤った情報や利用されることのない情報、上位の人のリアリティの再確認、社会科学の信用の失墜など、損失が大きい」と批判している（ロバート・チェンバース　2000、p.287）。

（5）ヒルデブランドは、RRA（Rapid Rural Appraisal）の代表的手法であるソンデオ・アプローチについて説明している。それは、学際的な農業研究チームが農業技術ニーズを把握するために特定の質問票などを用意せず、観察と農家との自由な議論の中で調査を進めていくものである。定量化した情報や質問表は不要なのである。その特徴は社会経済と技術の専門家各5名の中から社会経済と技術の専門家1名ずつをペアとして4日間毎日調査するが、その間、毎日ペアの相手を替え、最終的には1つの総合的報告書が作成される。こうした手法は、参加者の学際的思考を高めつつ、地域条件やニーズの診断を的確かつ効率的に行うことを可能とする。これらの手法の有効性については、既にグァテマラで実証済みである（Hildebrand 1981）。

（6）サイトスペシフィックとは、研究サイトを固定して、そこで開発や研究を実施することを指している。

（7）（経営）集約度とは、土地面積あたりの費用投入量であるが、費用として何を想定するかは諸見解がある（納口　2007）。

引用文献

国際協力事業団農業開発協力部（2000）『農村調査の手引書―研究・普及連携型農業プロジェクトにおける問題発掘と診断のために―』p.64、188p。

斎藤文彦（2005）『国際開発論』日本評論社、302p。

鈴木福松（1977）「熱帯諸国での経営調査研究について」『東南アジアの農業開発―技術と経営の変革―』、熱帯農業技術叢書第14号、農林省熱帯農業研究センター、p.80、127p。

鈴木福松編著（1997）『フィジー農村社会と稲作開発』農林統計協会、p.259、299p。

納口るり子（2007）「集約度degree of intensity」、『農業経営学術用語辞典』p.102、298p。

野田直人（2000）『開発フィールドワーカー』築地書館、pp.106-107、142p。

FASID（財団法人国際開発高等教育機構）(2001)『PCM手法の理論と活用』p.1、228p。

ロバート・チェンバース著、野田直人・白鳥清志監訳（2000）『参加型開発と国際協力』、明石書店、573p。

渡辺兵力（1978）『農業の経営』養賢堂、pp.136-137、245p。

P.E.Hildebrand（1981）「迅速調査における諸学問分野の結合―ソンデオ・アプローチ― Combining disciplines in rapid appraisal: The sondeo approach」国際農業研究叢書第9号『ファーミング・システム研究』農林水産省国際農林水産業研究センター、p.42、417p。

第5章
北東アジアの乾燥地における農牧業
―モンゴル国を中心に―

小宮山　博

Ⅰ．はじめに

　北東アジア地域とは、中国、台湾、韓国、北朝鮮、モンゴル、シベリア以東のロシア、そして日本を包括する地域である（NEARセンター　2015）。この北東アジア地域の内陸部にはモンゴル高原が位置している。モンゴル高原は、モンゴル国の全域から中国の内モンゴル自治区にかけて広がっており、全体としては比較的起伏の緩やかな隆起準平原であるが、もっとも高い北西部には4,000mをこえる高山もある。中央部から南部にかけては標高1,000～1,200m、砂礫質のゴビ砂漠となる。モンゴル高原は内陸にあるため大陸性の気候で、とくに冬の寒さがきびしい。1月の平均気温は高い所で－10℃前後、低い所では－30℃以下にさがる。7月の平均気温は15～25℃で、冬との気温差（年較差）は約40℃に達する。また昼と夜との気温差（日較差）も大きく、20℃前後におよぶ。降水にもめぐまれず、年降水量はゴビ砂漠で100mm以下、その周辺の草原地帯では250mm前後で、羊、山羊、馬などの放牧、遊牧がおこなわれている。高原を区切る山地に近づくと、年降水量は250～500mmに増え、植生は森林ステップとなる。
　モンゴル高原は、9世紀にウイグル族が中央アジア方面へ移動して

以降、モンゴル族がしだいに勃興し、13世紀初めにはチンギス・ハーンによりモンゴル帝国が建設された。モンゴル帝国を継承する元は、モンゴル高原から中国全域にまで版図を広げた。元が明に滅ぼされてからは、逆に漢民族が高原南部に進出し、清代には南部が内蒙古、北部が外蒙古とよばれ、清の支配下に入った。1911年の辛亥革命に乗じて外蒙古は自治を宣言し、1921年に独立した（現モンゴル国）。しかし、内蒙古（内モンゴル）との統一はならず、モンゴル族は2つの国家に分かれたままである（Encarta総合大百科　2015）。

　モンゴル高原は、上述のように乾燥地であり、かつ冷涼であることから農耕にはあまり適さず、伝統的に遊牧による牧畜が営まれてきたが、モンゴル国においては1920年代の社会主義化、1990年以降の市場経済化、そして中国・内モンゴル自治区（以下、内モンゴル）においては1950年代の人民公社による集団経営化、1970年からの改革開放政策等により、それぞれの農牧業は大きく変貌した。現在においても農牧業の激動が続いており、乾燥地であることに起因する砂漠化、過放牧、低生産性、耕地の劣化等の様々な問題に直面しており、その解決策が模索されている。本章では、モンゴル国を中心にその実情を紹介する。

Ⅱ．モンゴル国農牧業の過去半世紀の変動と近年の動き

1．社会主義計画経済時代の牧畜業の推移

　人民革命により1921年に独立を成し遂げたモンゴル国は、1924年に社会主義を宣言し、ソ連の衛星国として社会主義計画経済体制を導入した。人民革命後、まず、封建体制が解体され、家族経営の自立が促進された。その後、遊牧の集団化政策がとられ、特に第二次世界大戦

後、集団化が強力に推進され、1959年には牧畜の集団化が基本的に完了した。牧民はネグデルとよばれる農牧業協同組合に所属し、家畜はネグデルの共同所有となった（花田　1993）。モンゴル国では家畜といえば遊牧で飼養する馬、羊、ラクダ、牛（ヤクを含む）、山羊の5種類の家畜を指し、「五畜」と称される。伝統的な遊牧では、それぞれの牧民世帯・グループがその地域の自然条件に適した「五畜」（ラクダは主にゴビ地域のみ）を一緒に飼養してきたが、ネグデルにおける集団化後は、種類別・性別・年齢別に細分化された家畜群を組合員となった牧民世帯が分担して飼養することとなった。ネグデル時代には、畜舎・井戸の建設が進められ、飼料生産や獣医サービスも発展したが、牧畜の形態は基本的には遊牧のままであった。なお、ネグデルと別に設立された国営農場においては舎飼いによる酪農等が行われていた。ネグデル時代の「五畜」総頭数は概ね2,300〜2,500万頭で安定的に推移してきた。1989年末の五畜合計頭数は2,467万頭で、その構成は、馬9％、羊58％、ラクダ2％、牛11％、山羊20％であった。

２．市場経済移行後の牧畜業

　1989年に入って高揚してきた民主化運動の結果、1990年に民主主義市場経済体制に移行した。1991年からは私有化法に基づき、国営農場を含む国有財産の私有化やネグデルの解体がおこなわれ、約30年間続いてきた集団経営は、個別の家族経営に戻った。

　1990年以降、民営化政策の影響を受けて多くの国営企業が民営化された。しかし、その多くは、資金・資材不足等により満足な操業が出来なくなった。これら企業の失業者、職のない若い世代、定年後の年金生活者等が牧民となり、1989年には13.5万人であった牧民数は2000年までに3倍の42.1万人にまで激増した。増加した牧民が生計維持の

ため一定水準まで家畜頭数を増加させたため、「五畜」の総頭数は1989年の2,467万頭から1999年末には約1.4倍の3,357万頭にまで増加した。モンゴル国の自然草地で許容される放牧頭数（羊換算[1]）は6,200万頭程度[2]とされているが、1999年末の羊換算頭数は7,199万頭にも達し、地域によってはかなりの過放牧状態となっていた。このような中、1999/2000年から2001/2002年の3連続冬春季に半世紀ぶりの記録的な寒雪害（モンゴル国ではゾドと呼ぶ）に見舞われ、この3年間で成畜が1,117万頭も斃死し、2002年末の総家畜頭数は、1999年末の約7割の2,390万頭までに激減した。この寒雪害でほとんどの家畜を失った牧民も多く、2001年から牧民数は減少し始め、2005年まで減少が続いた。一方、総家畜頭数は2003年から増加を始め、2009年末には2002年末の1.8倍の4,402万頭に達した。その構成は、馬5％、羊44％、ラクダ0.6％、牛6％、山羊45％で、伝統的には食肉用に最も重要な羊が総家畜頭数の6割程度を占めていたが、カシミヤの高値が続いたことから、それを産出する山羊の頭数が激増し、2003年から羊の頭数を上回った[3]。2009年末の羊換算頭数は6,893万頭に達し、再び過放牧状態となっていた。そのような中で2009/2010年の冬は厳しい寒さと積雪に見舞われ、約10年ぶりの大規模なゾド（寒雪害）となり、冬から春にかけて1,032万頭が斃死した。その後、家畜頭数は再び増加をつづけ、2014年末には史上最高の5,198万頭（羊換算8,622万頭）にまで増加し、また、過放牧状態となってきている。

3．モンゴル国の牧畜業の低生産性

既述のように、モンゴル国の総家畜頭数は2014年末には5,198万頭にまで増加した。国民一人当たり17頭もの家畜（羊換算で29頭）が飼養されている計算になる。国連食糧農業機関（FAO）FAOSTATの

2014年のデータから国民一人当たりの家畜頭数を算出すると、モンゴル国は牛が1.2頭で世界7位（第1位はウルグアイの3.4頭）、羊は8.0頭で世界1位（第2位はニュージーランド（以下、NZ）の6.6頭）、山羊も7.6頭で第1位（第2位はモーリタニアの1.4頭）、馬も1.0頭で世界1位（第2位はアイスランドの0.2頭）である。ラクダも0.12頭と世界5位（第1位はソマリアの0.67頭）である。これからも明らかなように、モンゴル国民一人当たり家畜頭数は非常に多く、「五畜」頭数の羊換算では世界1位の家畜大国である（第2位がウルグアイの24頭、第3位がNZの21頭）。しかし、飼養家畜一頭当たりの生産性[4]をみると、世界第3位の家畜大国のNZと比べ、牛乳が7.4分の1、牛肉が2.5分の1、羊肉が2.8分の1に過ぎない。これはNZに比べ、一頭当たりの食肉・牛乳生産量が低いことに加え、家畜の屠殺率[5]が大幅に低いためである。また、NZが大量の乳製品や食肉を輸出しているのに対し、モンゴル国では口蹄疫などの家畜の疾病があることから、食肉がロシア等へわずかに輸出されているのみで、また畜産国でありながら乳製品工場で生産された牛乳・乳製品については、消費量の半分近くを輸入しているといわれており、遊牧形式の畜産のみでは、輸送、品質などの問題から、急増する都市住民の多様な乳製品等へのニーズを満たすことが出来ない状況にある。

　NZの家畜の生産性はモンゴル国と比べ非常に高いが、そこにはNZが温暖な気候に恵まれ、一年中草が生育するという恵まれた条件にあることも大きな要因である。それでは、モンゴル国の南に隣接する内モンゴルと2014年のデータで比較しよう。内モンゴルの土地面積はモンゴル国の76％であるが、人口は8.4倍も多く抱えている。耕地の割合はモンゴル国より高く、作付面積は175倍にも達する。中でも際立った違いは、内モンゴルでは飼料用トウモロコシが2,180万トンも生産

されていることである。牧畜についてみると、内モンゴルの牛飼養頭数はモンゴル国の1.8倍であるが、牛肉生産量は10.0倍、牛乳生産量は17.8倍もある。また、内モンゴルの羊と山羊の合計頭数はモンゴル国の1.6倍であるが、羊・山羊肉の生産量は6.1倍もあり、モンゴル国と比べ非常に生産性が高い。飼料を多く使う集約的畜産の割合が高いためである。

4．耕種農業の回復計画

　モンゴル国における耕種農業は、1921年の人民革命までは河川沿岸地で中国系移住者によって細々と行われていたが、1920年代にソ連の指導の下、比較的降水量が多い北部地域に幾つかの大規模な国営農場が作られ、小麦を中心に、馬鈴薯、野菜、飼料作物等も生産されるようになった。1950年代後半から耕種農業に本格的に力が入れられ、主として小麦生産を目的に自然草地の大々的な開拓が行われ、1〜2万haもの経営規模がある国営農場が50以上も設立された（芦澤　1996）。1980年代終わりには作物の総作付面積が80万ha以上に拡大し、小麦は70万トン近く生産され、ソ連に輸出するほどまでになった。

　市場経済移行後、国営農場は分割民営化されていったが、それまでのソ連等からのトラクター、コンバイン等の農業機械、肥料、農薬、燃料、種子等の供給がストップしたことに加え、輸入自由化や気象条件が悪かったことなどが重なり、作付面積、単収がともに低下し、小麦の生産量は2007年には最盛期の約7分の1の11.4万トンにまで低下した。他の作物の生産も激減し、特に飼料作物は国営大規模集約畜産農場のほとんどが稼動しなくなり需要がなくなったことから壊滅状態となった。

　モンゴル国の伝統的な主食は肉及び乳製品であるが、社会主義時代

第5章　北東アジアの乾燥地における農牧業　61

に耕種農業が振興されてきたことに伴い小麦粉の消費が一般的になり、国家統計局の家計調査によると現在一人当たり年間130kg程度の小麦粉が消費され、特に都市部では主食としての地位を占めている。市場経済化以降に小麦の国内生産が激減したことから、モンゴル国は小麦（粉）の国内需要の大半を、中国、ロシア、カザフスタンからの商業輸入や、日本、アメリカ等が実施する食糧援助で賄ってきた。しかし、その輸入先である中国、ロシア、カザフスタンは、2007年に入っての小麦国際価格の高騰の中、国内供給を優先させるために小麦の輸出規制に踏み切った。そのため、モンゴル国は食糧安全保障の危機に直面し、小麦等の自給率向上が喫緊の課題となった。そこでモンゴル国政府は、2008年3月に2010年までに小麦の自給達成を目標とする『アタル第3運動』(アタルとはモンゴル語で処女地・荒地を意味）という国家プロジェクトを打ち出し、小麦の生産拡大に取り組んだ。自然草地の大規模な開墾を行った1959年からの『アタル第1運動』、1976年からの『アタル第2運動』に続く耕地拡大計画であるため、このように命名されたが、以前の2回が処女地（草原）の開墾を行ったのとは異なり、『アタル第3運動』は耕種農業の低迷により急増した耕作放棄地の耕作への復活を目的としており、モンゴル国政府は農業機械更新費、農業機械の燃料費、種子代、灌漑設備費等の支援を行うことにより、2008年には5万ha、2009年には8万ha、2010年には10万haの作付けを復活させることを目標とし、小麦（粉）、馬鈴薯、野菜の自給を目指した。本運動の成果により、穀物の作付面積は2007年の12.2万haが2008年には15.4万haに、2011年には30.0万haにまで拡大した。作付面積の増加に加え、降水に恵まれたことや灌漑面積が増加したことから単収も増加し、穀物収穫量は2007年の11.5万トンから2011年には44.6万トン（うち、小麦は43.6万トン）にまで増加し、政府が目標と

する40万トンを達成した。

5．近年における集約的畜産の急増とその生産力

既述のように計画経済時代はネグデルに遊牧家畜が集団化されたが、そこで行われた牧畜形態は遊牧のままであった。一方で、1960年代以降急増する都市住民への畜産物の安定供給を目的として、ソ連等の協力で国営農場方式による大規模な集約的畜産農場の設立が進んだ。しかし、設立された200〜800頭規模の大型機械化酪農場、30〜500頭規模の養豚場、10万羽規模の採卵養鶏場などは、その多くが市場経済移行後に徐々に民営化されていったが、そのほとんどは運転資金不足や海外技術者の引き上げ等により稼動できなくなり、集約的畜産の縮小が続いてきた。しかしながら、都市部において不足傾向にある牛乳・乳製品、豚肉、鶏卵などを供給する目的で、2003年頃から集約的畜産農場数・飼養頭数が急増している。そこには、牧民が気象災害（干ばつ、寒雪害）等のリスクを避けるとともに収益性を求めて集約的畜産経営に移行したケースと、他産業に従事していた都市住民や企業等がその収益性を期待して開始したケースが見られる。モンゴル国政府も、2003年に国会承認した『モンゴル国政府の食料・農業政策』において、「2003〜2008年に集約的畜産の復興が始まり、2008〜2015年には少なくとも20％の牧民が定住・半定住生活様式に移行し、牛、豚、家禽の集約的畜産農場が都市・居住地区周辺に増加」との政策目標を掲げ、それを支援する事業を実施してきた。集約的畜産農場は、2005年にはわずか284戸であったが、2014年には10.6倍の3,017戸にまで増加しているが、モンゴル国の全牧畜世帯（15万戸）に占める割合はまだわずか2.0％である。

このようなモンゴル国の集約的畜産の実態を把握するため、国際農

林水産業研究センター（JIRCAS）は、モンゴル国立農業大学と共同して集約的畜産農場の大部分を占める酪農場の経営調査を実施してきた。2009年8月には、最も酪農場が集中しているトゥブ県バトスンベル郡[6]において酪農場の悉皆調査を行い、73戸中、62戸のデータを得た。62戸の牛の総飼養頭数は2,888頭で、そのうち成雌牛は1,191頭であった。年間平均の搾乳頭数は845.8頭で、牛乳の出荷量は2,257トン、自家消費量は116トンであった。搾乳牛一頭当たりの年間牛乳生産量は2,982kgである（小宮山　2011）。2014年においては、酪農場の乳牛飼養頭数はモンゴル全体の牛飼養頭数の1.8％であるが、推計[7]では酪農場の牛乳生産量は5.2万トンとなり、モンゴル国全体の牛乳生産量の11.9％を占めていることになる。

『ミルク・ナショナル・プログラム』（2006年10月11日に政府決定）によると、国民一人当たり年間124.1kgの乳・乳製品を摂取すべきとしているが、2005年のデータでは、都市部では66.0kg、農村部では244.8kgの消費となっており、都市部では大幅に不足している。2014年のデータでも都市部の消費量は105.6kgと増加したが、目標を下回っている[8]。

2014年のモンゴルの総人口は299.6万人で、その内の都市人口は199.0万人（うち、ウランバートル市は136.3万人）であり、この都市人口の牛乳必要量は24.6万トンとなる。2014年の酪農場による推定生産量の4.7倍であるので、2014年における酪農場の飼養頭数6.0万頭の4.7倍である28.1万頭（うち成雌牛は11.6万頭、搾乳牛は8.2万頭）の飼養があれば、酪農場だけで都市部で必要な牛乳を供給できる計算となる。

6．飼料の必要量、生産状況等

　集約的畜産（主として酪農）を発展させるには、飼料の生産・確保が不可欠である。多くの酪農場は、5、6月〜9、10月は自然草地での放牧に依存するが、それ以外の時期はフスマと乾草を給餌する。近年、アルコール飲料の搾りカスを給餌する酪農場も増えてきたが、基本はフスマと乾草である。乾草は自家生産と購入である。フスマは全て製粉工場からの購入である。バトスンベル郡での調査データから、成雌牛一頭当たりの年間乾草給与量は1,976kg、フスマ給与量は654kgであった。この量を上述の必要成雌牛頭数11.7万頭に与えるとすると、乾草が23.1万トン、フスマが7.6万トン必要な計算となる。

　モンゴル国家統計局のデータから飼料の生産量の推移を見ることとする。乾草は1989年には116.6万トンの生産量があったが、市場経済へ移行後減少が続き、1996年には65.1万トンまでに低下したが、2014年は117.8万トンとかつての水準にまで回復している。遊牧民がどの程度の量の乾草を使用しているかの検証は必要であるが、その使用は限定的であることから、酪農場向けの乾草は、統計上は十分なようである。

　次にフスマである。その生産量について公表されたデータはないが、小麦の国内生産量と小麦の輸入量から推定が可能である。2008年から小麦の自給を目指した政策がとられ、小麦の国内生産量が急増している。モンゴル国では小麦が40万トンあれば自給可能とされており、2011年にはこれを上回る生産を達成している。小麦の製粉歩留まりを73％[9]とすると、40万トンの小麦を製粉すれば、10.8万トンのフスマが副産物として生産されるが、酪農経営体以外でのフスマの需要もあるので、十分な水準ではない。

　計画経済時代には、大型酪農場向けの飼料生産農場が20もあり、大

麦、エンバク、ヒマワリ等の飼料作物が栽培され、サイレージが作られていたが、市場経済化以降、その栽培はほとんどなくなった。1989年の飼料作物の栽培面積は14.8万ha、生産量は55.1万トンであったが、2001年にはわずか800ha、2,700トンにまで激減した。その後、生産が徐々に回復し、2014年には1.7万ha、4.4万トンとなっているが、かつての水準には遠く及ばない。現在、多くの酪農場が飼料の安定確保のために飼料作物の栽培を希望しているが、資金、技術、耕地確保などが十分でないことから、一部の大規模経営酪農場を除き飼料作物の栽培はほとんど行われていない。

7.『モンゴル家畜国家プログラム』の実施

　近年の牧畜に関する動きとしては、2010年6月に『モンゴル家畜国家プログラム』が国会で承認され、実施されていることである。このプログラムの目的は、牧畜業分野を気候や社会状況の変動に適応できるように発展させ、市場経済の中で経済的に存続可能でかつ競争力を持たせる環境をつくり、国民に健康的で安全な食品を供給し、加工産業に高品質の原材料を提供し、輸出を増加させることである。プログラムは2010年から2021年にかけて2段階に分けて実施されており、以下の5つの重点項目ごとに2021年までに達成する目標（家畜頭数の削減、家畜生産性の向上、畜産物の生産・加工・輸出量、家畜疾病対策率、など）が示されている。

　①モンゴル国の伝統的経済活動である牧畜分野を政府は特に重視し、牧畜業の持続的発展を支援する良好な法律・経済・構造的環境の構築。②社会需要に基づき家畜繁殖事業を改善し、高品質の畜産品・原料の生産性・生産量を向上させることによる市場競争力の強化。③獣医サービスを国際水準にまで向上させ、モンゴル国の家畜の健康状態を

保つことにより、国民の健康を維持。④リスク管理能力を高めることにより、気候・環境の変動に適応できる牧畜生産の発展。⑤家畜・畜産品を出荷する市場を開発し、適切な加工・流通構造を構築し、経済的産出を増加。

Ⅲ．内モンゴルにおける牧畜業の動向

内モンゴルの牧畜業は、1949年の中華人民共和国の設立以来、中央政府の中央集権的な政策に左右されながら発展してきた。牧畜民はそれまでの封建的束縛から解放され、草地の民族共有制によって放牧の権利が与えられた。まだ豊かな草地が十分に存在したことから、1957年までの期間に家畜頭数（豚を除く年末頭数）は2.1倍（773.7万頭→1,660.5万頭）になった。1958年からは人民公社による集団経営が行われ、草地の所有権は民族共有制から国有へと替わった。1965年までに家畜頭数はさらに1.7倍（1,973.7万頭→3,335.4万頭）に増加した。その後の1966年から1976年の「文化大革命」の10年間には草地の大規模な開墾が行われ、牧畜経営が圧迫されたことなどから家畜頭数はあまり変化しなかった（2,975.4万頭→3,146.5万頭）。1978年に改革開放政策が始まり、1982年から生産請負制が実施され、牧民の家畜飼養頭数制限が廃止されたことから、家畜頭数は大幅に増加し、1978年から2000年までに1.4倍（3,037.4万頭→4,173.7万頭）となったが、このことが過放牧による草地の劣化を招き、黄砂の発生源ともなった。政府は、草原環境を回復させるため、2001年に入ってから「禁牧」、「休牧」政策等を実施した。この中では「生態移民プロジェクト」が行われ、牧畜民を都市近郊に移住させ、家畜飼養形態を「放牧」から「舎飼い」に切り替えさせている。このような政策が実施されている中で、家畜

頭数は引き続き急上昇を続け、2001年から2005年までの短期間に1.5倍（4,052.2万頭→6,203.2万頭）にまで増加している（小宮山　2007）。その後は、総家畜頭数としては大幅な増加はないが、牛の割合が増加している。このような大幅に家畜頭数が増加するなかで特筆すべきは、牛乳生産の急増である。1995年には48.6万トンであったが、2008年にはその19倍の912.3万トンにまで増加し、中国全体の生産量の4分の1を占め、中国第一の牛乳生産地域となった。その後、2008年のメラミン混入粉ミルク事件を背景とする品質問題や飼料価格の高騰などを背景に若干牛乳の生産量は低下してきたが、依然として中国第一の生産地域である。

Ⅳ．おわりに

　モンゴル高原における農牧業は、かつてはそのほとんどが遊牧による牧畜であったが、政治・経済体制の変動や人口の増加等に伴い、耕種農業や集約的畜産等が導入されてきた。遊牧は、家畜総頭数を抑制することが困難であることから過放牧、砂漠化を招く等の負の側面がある一方、耕種農業は、乾燥地域であることから干ばつの影響を受けやすく、また、耕地の劣化を招きやすいという負の側面を抱えている。また、集約的畜産については、飼料確保が課題となっている。モンゴル高原のような乾燥地は、より地球温暖化の影響を受けるといわれており、このような地域における気象・環境変動へ適応した農牧業の在り方を見出すことは喫緊の課題である。

注
（1）ラクダ1頭を羊5頭、馬1頭を羊7頭、牛1頭を羊6頭、山羊1頭を

羊0.9頭に換算。
（2）モンゴル国畜産研究所は、1993年における自然草地生産量の調査結果からモンゴルの羊換算牧養力は6,220万頭としている。
（3）カシミヤ価格低迷等により山羊の割合が減少し、2012年から羊頭数が上回っている。山羊は草の根まで食べつくすので草原の砂漠化の原因になるとして、その増加が問題視されており、2010年に政府決定された『モンゴル家畜国家プログラム』では、五畜総頭数に占める山羊の割合を2008年の46％から2021年には35％まで引き下げる目標を立てている。
（4）飼養家畜一頭当りの生産性は、2013年度の牛肉及び羊肉の生産量を、それぞれ2012年末の牛及び羊の飼養頭数で除して求めた。
（5）家畜の年間屠殺率は、2013年の家畜屠殺頭数を2012年の家畜飼養頭数で除して求めた。NZは、家畜（特に羊）を早期出荷するのに対し、モンゴル国では一般的に成畜になってから出荷するため、その屠殺率の差は大きい。羊の屠殺率は、NZが76％であるのに対し、モンゴル国は27％である。
（6）バトスンベル郡は、首都ウランバートルから北へ約80kmのところに位置する。
（7）（全国の酪農場の飼養頭数÷調査を行ったバトスンベル郡の酪農場の飼養頭数）×（調査を行ったバトスンベル郡に酪農場の牛乳生産量）で算出した。
（8）モンゴル国では、馬、山羊、羊、らくだの乳も消費されており、全乳生産量に占める牛乳の割合は約6割である。
（9）小麦の製粉歩留まり73％は、世銀レポート（Mongolia Prospects for Wheat Production 1995）による。小麦をひいて小麦粉にしたときに残る皮のクズ等がフスマである。小麦の製粉歩留まりが73％であれば、27％がフスマとなる。

参考文献

芦澤正和（1996）「モンゴルの自然と耕種農業〔4〕」農業および園芸71（9）、pp.987-992。

内蒙古自治区統計局（2014）『2009内蒙古統計年鑑』中国統計出版社、797p。

国際農林業協力協会（1996）『平成7年度海外畜産事情調査研究報告書―モンゴル―』110p。
小宮山博（2007）「内モンゴルにおける牧畜業の動向」日本とモンゴル41（2）、pp.74-83。
小宮山博（2008）「モンゴル国における集約的畜産の現状と課題」日本とモンゴル42（2）、pp.66〜76。
小宮山博、ラブダンスレン・チャンツァルドゥラム（2011）「モンゴル国農牧業の過去半世紀の変動とその将来展望」沙漠研究21（1）、pp.37-43。
花田麿公（1993）「モンゴル現代史」『モンゴル入門』三省堂、pp.179-198、276p。
National Statistical Office of Mongolia（2015）Mongolian Statistical Yearbook 2006.Ulaanbaatar. 455p.
National Statistical Office of Mongolia（2015）*Хөдөө аж ахуйн салбар, 2014 онд*（*Agriculture Sector 2014*）（in Mongolia）.Ulaanbaatar. 121p.
鳥取県立大学北東アジア地域研究センター（NEARセンター）NEARセンター概要　http://hamada.u-shimane.ac.jp/research/organization/near/12gaiyo/（2015年12月29日）
Encarta総合大百科、モンゴル高原　モンゴル国　http://www14.plala.or.jp/bunarinn/plala/daieryAA/daiery/daieryA/EncartaAA/mongorukogen/mongorukogen.html#mongoru（2015年12月29日）
中華人民共和国国家統計局　http://data.stats.gov.cn/index.htm（2016年1月9日）

第6章
モンゴルにおける環境保全型開発について

山下　哲平

I．はじめに

1．モンゴル農牧業の位置付けと諸課題

　モンゴルにおいて、農牧業は同国の基盤産業であり、GDP全体の14.2％、人口の約28.7％を占めている（The World DataBank　2014）。このモンゴル農牧業は、近年急速に変貌している。その背景には、1990年代初頭の民主化とこれに伴う市場経済システムの波及がある。従来の遊牧は、社会主義に基づく国家統制の下、家畜頭数・構成や土地利用方法等が計画化されていた（小長谷　2007a）。その後、国家財産であった家畜は、私有財産として遊牧民へと再分配され（長沢ら2007）、家畜管理や土地利用が自由化した（小長谷　2007b）。この結果、農牧民は市場経済システムによる競合・インセンティブに対応するため、個々の生産性を追求し、自然資源（草地、植生等）に対して収奪的な利用傾向を強めている。また社会経済的変容による影響だけでなく、自然的要因、例えば、干ばつや雪害（ゾド）等の気象災害等も、モンゴルの農牧業に対して深刻な影響を与えている。さらに気候変動予測は、気候変動に伴う長期的な環境変化、例えば、降雨量変化による砂漠、土壌劣化、永久凍土融解、植林物相の破壊等が与える環境影響の大きさを明らかにしつつある。特に草地は環境変化に対して脆弱

で、遊牧民にとり深刻な課題である。

2．環境問題の国際的な潮流と当事者としてのモンゴル遊牧民

　2015年11月30日からパリで開催されたCOP21では、世界150ヵ国から首脳が集結、気候変動がもたらす危険性を示唆した。特に異常気象の発生、例えば極端な降雪や渇水などは、アジアモンスーン気候帯における重要な課題である。すなわちモンゴルにおけるゾドや砂漠化が、より深刻化する可能性を危惧している。他方でモンゴルは、経済成長とともに温室効果ガス排出量を増加させており、国民の一人あたりのCO_2排出量は、3トン（2000）から7トン（2011）へと倍増している（The World DataBank　2014）。

　このように力強く経済成長を続けるモンゴルをはじめとする発展途上国において、鉱工業は国家経済を牽引するエンジンである。しかし実際には、経済格差を広げ、環境問題を深刻化させ、マクロ経済を後退すらさせる事態を引き起こした。これを受け、MDGsやPRSP（Poverty Reduction Strategy Paper：貧困削減戦略文書）に代表されるとおり貧困削減が愁眉の課題となった。この基本原則はSDGs（Sustainable Development Goals：持続可能な開発目標）の目標12～15に引き継がれ、その環境側面がより詳細に定義され、産業と環境との共生概念が明示化されている。

　ここで、国際環境協力における2つの問題点を指摘したい。1つ目は予防原則に対するインセンティブの欠如の問題である。発展途上国では、すでに明らかに被害を多くもたらしている環境問題であっても、経済成長や財政との兼ね合いの中で我慢比べをしている。まして現在顕在化しておらず、実感を伴わない環境問題に主体的に取り組むインセンティブは小さい。他方、多くの発展途上国で環境的な取り組みが

あるのは、国際環境協力によるドナー側の強い支援が背景にある。見方を変えると、ODAを中心とする現在の国際環境協力では、持続性や波及性の点で問題が多く、金の切れ目が縁の切れ目になる心配が非常に大きい。事実、2015年のCOP21でも、先進国から発展途上国への資金支援額（2020年までに官民合わせて年間1,000億ドル（下限）を合意）が最大の焦点となった。2つ目は、「あるべき環境」の定義の困難性である。急速な経済成長を見せる発展途上国のダイナミックな人間活動を包含した「あるべき環境の保全状態」を包括的に定義することは、非常に困難である。例えばイースタリー（2009）のP＝A理論（プリンシパル＝エージェント理論）に基づくと、政府や専門分野ロビー団体をプリンシパル、援助機関（WB、JICAなど）をエージェントとした場合、①それぞれのプリンシパルが求める目的の遂行をエージェントに求めるため結局どれも達成できず、達成のインセンティブが低下する。②また複数のエージェントが乱立し、同じ地域で活動することで、各エージェントの努力や成果を観察することができず、誰も責任を取らない状況に陥る。すなわち当事者性の欠如である。

　そもそも環境変化には、様々な特性（速度や規模、影響の程度）がある。またこれを受けとめる側の価値観や情報化に伴う質や量に差があるため、「生活世界」に立脚した社会的な環境意識の醸成には時間がかかる（図１）。これらの問題に対して、社会的世界における正当性（例えば環境経済学的アプローチなど）や客観世界における真理性（例えば観測結果やシミュレーション予測など）を指し示すことは可能である。しかし本章でさらに言及したいのは、予防原則として環境問題に立ち向かう際、一般的な処方箋の提示だけでは不十分であり、普及や定着が困難な状況を打破するため、より当事者の要求に即した提案が求められているということである。

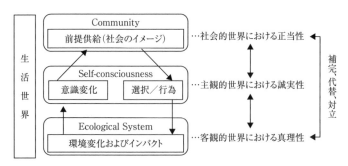

出所：吉岡（2009）をもとに筆者作成。
図1　環境影響と環境意識のフィードバックサイクル

Ⅱ．モンゴルの環境問題

　モンゴルの代表的な環境問題として、①都市大気汚染問題（火力発電所、ゲル地区における石炭ストーブ、車の排気ガス）、②森林減少（伐採と土地保水力の変化）、③鉱山開発、④車の轍とヤギによる草地劣化がある。それらを以下の通り整理する。

　第1の都市大気汚染問題は、モンゴルのエネルギー政策と直結する問題である。特に経済活動促進のためのインフラ整備は、同国の優先課題であり、日本も重点分野として援助を行ってきた。特に石炭開発とこれを利用した火力発電計画については、1992年から長期にわたりJICAが調査や技術協力を行ってきた。首都ウランバートルは、都市全体がお椀の底にあるような地理的条件下にあるため、冬期は冷たい上空の空気によってぴったりと蓋をされた状況となり、工場や家庭（ダルマストーブ）からの排気ガスが充満することになる（図2）。実際に冬期のウランバートルでは、10分程度の外出であっても目や喉が痛み、服に臭いが染み付くのが実感できる。この問題は、政府主導で解決を図るべき課題であることは明らかである。しかし、当該課題解

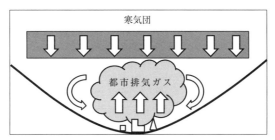

出所：筆者作成
図2　ウランバートルの冬期年大気汚染メカニズム

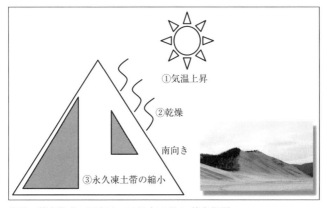

出所：筆者作成。写真は、2010年2月に筆者撮影
図3　永久凍土の溶解メカニズムと植生への影響（乾燥）

決の障害は財政的なものがほとんどで、現在のところ政府と国民の我慢比べの状況である（発電所の排ガス処理技術向上や移転、家庭用ヒーティングシステムの改善、交通インフラの整備等の具体策は提案されている）。

　第2の問題は、森林減少である。森林減少の原因は、人為的原因と自然的原因に分けることができる。人為的原因は、不法伐採、火の不始末による山火事が主である。また自然的原因は蒸発散・流出特性の違いによるもので、図3で示すように、写真の山は向かって左側（北

側）には木が残っているが、右側（南側）には一本も生えていない。これは北向き斜面には地下には豊富な水分を含む土壌帯（永久凍土）が分布している一方で、南向き斜面にはそれがないため、植生の生育条件が整わなくなった結果である。

　この問題の場合、局地的かつ短期的側面と長期的で複合的な側面を併せ持っているといえる。対応すべき社会的アクターも、不法伐採であれば政府の役割だが、火の不始末に対する見回りや呼びかけは地元住民の取り組みが期待できる。自然的原因については、一括りに「地球温暖化」と決めつけてよいのか、草地の荒廃による局所的で人為的作用が働いていると考えてよいのか、あるいは植生の漸移なのかについて、詳しい調査が必要である。この判断のためには、長期的な調査・モニタリング、分析・研究を担う社会的アクターの参加が必要であり、大学研究機関への役割と期待が大きい。

　第3の問題は、鉱山問題である。モンゴルでは、鉱山資源開発をドライビングフォースに経済成長を実現している（南ゴビ地域のオユトルゴイ鉱山開発による収益は、一時モンゴルGDPの30％に達した）。他方で、これによる重金属汚染問題への対応が遅れている。例えば、聞き取り調査（2010年2月に実施）の中で、オユトルゴイ鉱山開発（銅、金）についての言及があった。同開発は、リオティント社傘下にあるアイバンホーンマインズ社（カナダ・ニュージーランド合弁会社）によって行われているが、政府による環境対策は行われておらず、環境影響評価などはすべて同社のCSR活動に委ねている。これに対して、「市民環境フォーラム」（300の環境NGOを取りまとめる）は、鉱山開発反対を掲げている。モンゴル政府としても、環境税を徴収し、環境モニターを実施する意向はあるものの、法律や規制にかかる立法プロセスや技術面、実施システム等において未だ準備段階にある。この鉱

山開発による汚染問題に関連して、「ニンジャ」と呼ばれる金（ゴールド）の国際盗掘団による経済的な被害と金成分抽出の際用いる水銀流出の被害が報告されている。これについても、モンゴル政府は有効な取り締まりを行えていない。現在、各県に環境インスペクターを4〜5人（公務員として）配置し、各村に環境レンジャー（1〜2人）が罰金徴収等の活動を行っている。罰金が彼らの実質的な収入源となっており、公務員としての立場にあるものの継続的な活動という点からすると経済的に不安定なポジションであることが指摘された。また、彼らの活動をアクティブレンジャーが支援しているものの、アクティブレンジャーは完全なボランティアであるため、活動は断続的にならざるを得ない状況である。

　最後の問題は、人間活動による草地劣化である。モンゴルにおいて、車は馬に替わる人びとの足として大草原を駆け巡っている。これにより轍が作られ、また繰り返し踏み固められることで草の生えない裸地として拡大している。この問題は舗装道路の不備に起因しているが、広大なモンゴルにおいて隅々まで舗装道路を整備することは困難であり、既にできた轍を利用する心理を押しとどめることも難しい。しかしこの轍を利用する際、その度に轍が広がり、また別のルートが少しずつ形成されるこの累積こそが問題であるため、中長期的な問題であるといえる。

　またもう1つのヤギ問題は、草地の再生能力と家畜選択（量と構成）との不均衡の問題である。換金性の高いカシミヤを取るため、草地へのインパクト（食害）が大きいヤギの選択が局所的かつ短期的な草地劣化を招いている。これら問題は、個々の合理的経済行動の集合が社会的な不利益を生じさせるという典型的な経済学的命題である。

Ⅲ．モンゴルの環境問題に対する日本の取り組み

　前項のとおり、鉱山開発に関する環境問題は注目されており、モンゴル政府の関係省庁やNGOは環境教育を重視している。例えば、ウランバートル都市機能の強化に関わるマスタープランでは、小学生を対象とした絵本による環境教育や理想の街を描く取り組みなどを取り入れている。

　日本の対モンゴルODAもこれを受け、重点目標として環境、人材育成、地方開発を掲げ、ウランバートル都市機能の強化に関わるマスタープラン支援、ゴミ処理場建設（2009年完成）、地方の環境改善の一環としてのウギノール環境教育（2010年3月終了）、大気汚染に対する技プロ・クールアース・パートナーシップのパートナーとして太陽光発電プロジェクト（443.52kWの太陽光発電システムを2012年7月末に完成）に取り組んできた。また環境省もJCMプロジェクト（二国間クレジット制度）を利用し、アルタイ県で10MW級太陽光発電施設事業を進めている（2016年10月稼働予定）。また、環境政策対話や砂漠化国際会議を通じて、エコツーリズム（於フフスブルグ、ウギノール、テレルジ）の振興が日本の環境省を中心に検討されている。そのアプローチは、サービス提供者の育成として、歴史、景観といった付加価値、すなわちその土地固有の在来価値の再認識を促進することなどである。しかし他方で、観光による収入は破格であるため、遊牧民にとって観光産業はバブルとなり、このセクターに携わらない人たちとの所得格差を生じさせる問題がある。

　森林減少の問題に対して、日本は17台の消防車を支援しているが、各村で自発的に組織・活動するフォレストガードの不足と違法伐採業

者の周到な伐採（人のいない森林や裏道から侵入するなど）によって、これを防ぐ有効な手段が未だないのが現状である。実際に今回の調査の中で、フォレストガード（ウッドレグ村在住）に聞き取り調査を行ったが、火の不始末の点検と薪拾いの村人に声がけを行うのが精一杯とのことであった。また一度山火事が発生した場合、これをフォレストガードが消火することはできず、自然鎮火を待つ他に手段がないというのが現状である。日本のODAに対する期待として、フォレストガードシステム（消火・鎮火能力）の強化という声があった。

　上述の通り、高い経済成長とともに顕在化する環境問題について、モンゴル政府をはじめ多くの国民が強い関心を持ち始めていることは明らかである。他方で、環境問題の発生メカニズムやインパクト、有効なモニターの方法や対策についての蓄積された知見が未だ不十分である。その点で、日本の環境技術やモニタリングシステム移転の重要性は高いといえる。しかし、環境問題において注意すべき点は、地域の固有性が非常に重要なファクターであり、日本の経験がそのまま移転し得ないということである。彼らの生活様式や環境に対する認識に即した技術やシステムが求められるのである。例えば、山下・石川（2014）の「環境リテラシー」の向上を狙ったソニン（環境新聞）の発行や、小学生への環境教育（モンゴル政府）といった環境意識の基盤構築の重要性は大きい。遊牧民にとって自然資源は重要な生計手段であり、植生分布や遷移、バランスのよい家畜数・種類（ヤギ・羊）についての情報ニーズは、実践的な活用という側面からも大きかった。特に異常気象に対しては、彼らの経験だけでは対処できない部分が多く、科学的情報に対して大きな期待が寄せられている。

Ⅳ. モンゴル遊牧民の環境意識調査

1. 調査概要

　モンゴル・ウランバートル市内および郊外（ゲル地区）を合わせ、遊牧民に対する聞き取り調査（総合地球環境科学研究所FS調査）を2011年9月2日～9月7日、2012年8月13日～8月19日、2013年8月13日～8月20日に分けて実施した（全35世帯）。遊牧民に対する聞き取り調査の内容は、遊牧民が草原における環境問題のなかで何を中心に据えているのか、被験者のライフスタイルを構成する価値要素をリストアップし、A4用紙に自身で描画し、それを説明してもらった。特に、読み書きや専門用語に対する心理的な壁をできるだけ低くし、彼ら自身の視点で自らのライフスタイルを評価している点が特徴である。

2. 調査結果

　生活要因の優先順位（X軸）と優先順位の中で出現した頻度（Y軸）および描かれた丸の大きさの絶対値の総和を示している（図4）。これから分かることは、①「健康」に対する重要性が高い（常に、強く意識している）　②「家族」は出現頻度が低いものの優先順位および面積総和が大きい（意識する人が限定されるが、強く反応している）
　③「環境」は優先順位と出現頻度が低いにもかかわらず面積総和は比較的大きい（普段は意識していないが、思い出すと強く反応する）ということである。ただし、この面積総和はあくまでも被験者個人の描く絶対的な丸の大きさであるため、調査結果の大まかな特徴を把握するための補助的な情報分析にとどめる。

第6章　モンゴルにおける環境保全型開発について　81

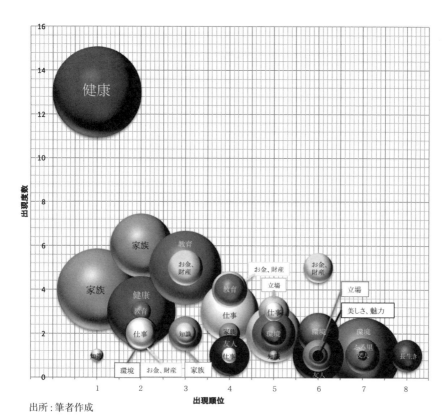

出所：筆者作成

図4　生活要因の順位・頻度・面積総和の複合図

V．おわりに―当事者性と持続可能な環境保全型開発の課題―

　本章では、モンゴルの特徴的な環境問題のメカニズムとこれに対する日本をはじめとする国際社会からの支援状況や現地の取り組みを整理した。またその上で、持続的な発展のためには環境意識の基盤形成が不可欠であることを提示し、その意識の現状をインタビュー調査を踏まえ分析した。

モンゴルの植生分布をみると、北部に森林・落葉性灌木地帯があり、南部に向けて草原、半砂漠、砂漠地帯へと遷移している。そのため降雨量などの環境変化に対する生態系保持への脆弱性が大きく、そこでの生活も自然資源に依存している以上不安定にならざるをえない。広大な草原に対してわずかな人口数だったため、これまで環境問題は顕在化してこなかった。しかし急速な経済成長を背景に、自然との共生のあり方と国際環境協力のあり方について、①社会的な正当性（法律や制度）、②主観的な誠実性（「納得感」）、③客観的な真理性（観測データ蓄積）の3つの観点（図1）から相互補完的に検討すべき時期に来ている。特に遊牧のライフスタイルといったモンゴル人固有の価値観を保存しながら、当事者目線での持続可能な開発の方向性を模索していくという視点である。

これについて環境意識調査では、遊牧民にとって、健康、家族、教育といった一次社会の構成要素が最重要であること、またこの一次社会を支える基盤として位置づけられる「環境」は、生活要因の一つとして（主観的に）認知され、高い当事者性が確認された。このような環境要因について、観測データの共有や法律や制度の導入はその保全にとって有効であるとみることができる（遊牧民が主体的に管理・保全することが期待される）。このように環境保全型開発の今後の課題は、上述の②主観的な誠実性（「納得感」）をライフスタイル調査からいかに導出していくかについて、より具体的に検討していくことである。

参考文献

小長谷有紀（2007a）『モンゴル国における20世紀（2）：社会主義を闘った人々の証言』国立民族学博物館、366p。

小長谷有紀（2007b）「モンゴル牧畜システムの特徴と変容」E-journal GEO Vol.2（1）、pp.34-42。

長沢孝司・今岡良子・島崎美代子（2007）『モンゴルのストリートチルドレン―市場経済化の嵐を生きる家族と子どもたち』朱鷺書房、242p。
ウィリアム・イースタリー、小浜裕久・織井啓介・冨田陽子訳（2009）『傲慢な援助』東洋経済新報社、449p。
ハンス・イムラー（1993）『経済学は自然をどうとらえてきたか』社団法人農山漁村文化協会、585p。
山下哲平・石川守（2014）「環境リテラシー・アプローチ―モンゴルにおける一実践―」人間科学研究第11号、pp.158-168。
吉岡崇仁、総合地球環境学研究所環境意識プロジェクト監修（2009）『環境意識調査法』勁草書房、196p。

第7章
ラオスの農業・農村開発における農耕文化研究の意義

園江　満

Ⅰ．はじめに―ラオス農村の理解―

　ASEAN10か国唯一の内陸国であるラオス人民民主共和国（以下、ラオス）は、後発開発途上国であるものの、近年サービス業および製造業に牽引される堅調な経済成長を遂げている。本来農業国であったラオスでは、数年来急速に産業構造が変化し、農業がGDPシェアに占める割合は2009年で30％程度に低下したが、労働人口の面では依然として8割近くが農業に従事しており、世帯当たり平均5.6人（園江・中松　2009）からなる小規模な農家の9割以上が稲作を主とする自給農業を基盤とした分散型社会となっている（横山・落合編　2008）。
　ラオスは1999年に食料自給を達成し、2007/08年度に実施された第4回家計消費支出調査（LECS4）によれば、一人あたりの年間精米消費量は208kgであった。稲作中心の農業が営まれているが、コーヒーやチャあるいはサトウキビといった嗜好品をはじめ、収穫面積に関する統計でみるかぎり作物ごとに特有な地域性があることがわかる（表1）。
　また、メコン河に沿う形で南北に長いラオスの国土は、山地が卓越する北部とメコン河沿いに平野を擁する中・南部では生態環境が異なるばかりでなく、49の民族が固有の生業と文化をもって地域的だけで

表1 ラオスにおける作物別収穫面積 (2014)

(ha)

県名	延収穫面積(ha)	稲				メイズ	イモ類	野菜類	ラッカセイ	ダイズ	リョクトウ	タバコ	ワタ	サトウキビ	コーヒー	チャ
		雨季作		乾季作												
		水田水稲	陸稲	潅漑水稲												
ポンサーリー	18,096	7,436	10,656	4		6,630	1,855	5,995	545	425	240	–	55	1,760	380	2,250
ルアンナムター	18,680	11,565	6,890	225		5,280	2,365	2,695	195	90	30	90	60	3,235	–	–
ウドムサイ	25,390	14,787	10,160	443		55,785	2,240	12,870	1,690	1,620	–	555	110	475	220	385
ボーケーオ	25,309	14,761	8,528	2,020		4,175	180	475	470	255	–	50	–	–	–	–
ルアンパバーン	35,973	13,556	21,095	1,322		12,835	3,585	10,660	1,130	320	420	1,020	45	225	1,290	710
フアパン	30,582	12,313	16,693	1,576		31,445	2,740	5,770	600	3,635	–	85	180	270	–	65
サイニャブーリー	48,583	31,538	14,322	2,723		60,475	7,960	3,865	4,455	–	180	420	120	95	–	–
ヴィエンチャン首都	73,488	55,527	–	17,961		2,320	2,055	9,220	125	25	140	220	–	180	–	–
シェンクアーン	27,280	19,155	8,125	–		25,875	1,880	4,145	580	155	50	175	–	60	240	120
ヴィエンチャン	65,923	51,590	5,778	8,555		7,780	3,820	11,395	875	10	320	220	–	210	–	–
ボリカムサイ	42,024	36,666	2,660	2,698		4,345	11,220	5,430	1,345	30	35	555	–	275	–	–
カムアン	82,828	72,098	380	10,350		1,515	1,645	7,014	105	–	–	960	20	290	–	–
サヴァンナケート	209,865	181,317	–	28,548		4,460	6,620	18,630	1,985	–	–	970	330	14,565	–	–
サイソムブーン	9,777	7,235	2,500	42		855	1,435	255	50	25	10	5	–	30	–	–
サラヴァン	83,478	67,535	3,673	12,270		3,855	20,355	10,460	6,290	35	160	210	200	70	18,160	–
セーコーン	12,070	9,098	2,060	912		4,775	2,635	16,940	1,050	65	25	205	15	4,890	9,335	–
チャムパーサック	124,190	111,690	–	12,500		7,545	8,020	34,960	3,800	4,280	1,295	440	280	255	39,990	460
アタプー	24,300	22,065	1,880	355		3,435	735	600	20	–	25	70	–	7,185	715	–
全国	957,836	739,932	115,400	102,504		243,385	81,345	161,379	25,310	10,970	2,930	6,250	1,415	34,070	70,330	3,990

出所：SS (2015) より作成。

第 7 章　ラオスの農業・農村開発における農耕文化研究の意義　87

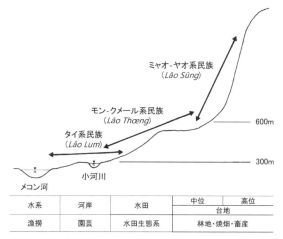

出所：園江（2006）

図1　ラオス北部・メコン水系における居住標高別民族区分および生業構造概念図

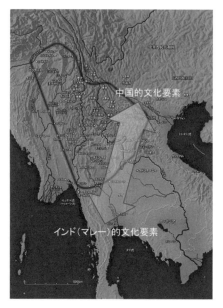

出所：園江（2014）

図2　タイ文化圏概念図

なく垂直的にも住み分けができている（図1）。稲作ひとつで見ても北部を中心とした山地の焼畑や精緻な棚田と中・南部の産米林と呼ばれる天水田などに違いがあるように、独特な農業景観を形成している。

　ラオス北部を含む東南アジア大陸部山地から中国西南部の山間盆地では、かつてタイ系民族を中心としたムアン（mū'ang）と呼ばれる盆地連合国家群が展開し、現在でもなお国境を越えて多言語・多民族の下に緩やかに結びついた一つの複合文化交流圏としての「タイ文化圏」という地域的広がり（図2）を維持している（新谷編　1998）。

　筆者は、この「タイ文化圏」の概念設定を援用してラオスの農村と農耕文化について研究を行ってきたが（園江　2006、2014など）、本章では、ラオスの多様な生態資源とそれを利用するための在来知および在来技術に関する研究から、ヒトと生き物の関係についていま一度考え、農業・農村開発を進める上で、この成果を生態資源の保全と持続的利用のための一助として、現地社会に対してどのように還元するかということを検討してみたい。

II．ラオスにおける農耕文化—現地調査の事例—

　農業はヒトが環境に働きかけて食糧生産を行う文化的行為であり、農業の生産環境は、文化要素としての農具、その他の生産工具の形態を規定する。特に耕具は「それぞれの（農耕）文化の形成に規定的といってよい文化財」（熊代　1969）であり、その形状と技術的系譜は近接する地域の大文明から有形・無形の影響を受けながら地域特有のバリエーションを見せる。

　ここでは、ラオスにおける現地調査の結果から、農具の中でもヒトと家畜が共同で農作業を行う犂と、甘味という人類の嗜好を満たす砂

糖を作り出すうえで画期的な技術となった、サトウキビの蔗漿（糖液）を抽出するための甘蔗圧搾機について着目し、ラオスの農耕文化と生き物との関係についてみてゆくことにする。

1．耕具からみる東南アジア大陸部

「インドシナ半島 la Péninsule indochinoise」の名前の通り、東南アジア大陸部はインドと中国という大文明からの影響を受けながら、各地域の社会は独自の生態環境のもとに固有の文化的伝統を醸成してきた。特に先に述べた「タイ文化圏」においては、「一つの大伝統に支配されるのではなく、さまざまな文化要素を持ちながら、それらを有機的に結びつけている何らかのシステムが存在」(新谷編　1998)しており、生態資源利用や生産の技術の面にもその複合的な様相が表れている。

農耕文化研究の泰斗エミール・ヴェルトは、東南アジアの主要な犂の型を、犂床が短く二頭の家畜の肩に頸木（軛）を固定して使う「インド犂」およびその派生型といえる「マレー犂」と、一頭引き枠型構造を持った揺動型の「中国犂」に分類し、インドシナ地域の犂についてマレー的要素と中国的な要素の混合がみられ、中国的要素が卓越している（ヴェルト　1968）としているが、筆者の調査からはこの二つの文化要素はタイ文化圏をおおまかな分水嶺としながら、平地に適したマレー犂と斜面でも小回りの利く枠型犂を中心に伝播し、焼畑陸稲による稲作から水田農業への展開に貢献したと考えられる（園江 2006）。

また、犂をかけた後に耕土を破砕・均平するのに用いられる耙についても、耙に乗って家畜に牽引させる橇型のものと、日本でも見られる而字型のものが混在しているのはラオス北部から雲南中部までに限

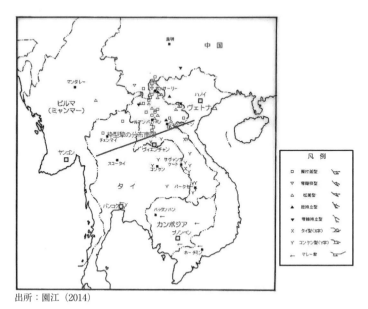

出所：園江 (2014)
図3　東南アジア大陸における犂型の分布

定されており、一般に水田農耕民と考えられていたタイ系民族の水稲栽培技術が、実際には外来の耕具によって支えられたものであることを示している[1]。

　一方で、これらの耕具を牽引する家畜との関係からみると、軛犂では犂体を家畜に直接固定するため、行動を制限するより支配的なものであるのに対し、揺動犂では引綱を介して犂と家畜が繋がれ鞭を使わずに手綱で操っており、人間と家畜との間柄は緩やかなものとなっている。漢語には「牛」の語はあっても「水牛」を指す語はないのに対し、タイ系言語では「水牛 gwaay」の語はあるものの「牛 wua」は漢語からの借用であることに見られるように、犂－役畜－連結用具の

技術的要素とそれを統御する人との関係は、民族によって独特なものであるといえる（園江　2015）。

2．砂糖にみる生態資源利用と生産工具

犂が食糧生産のための基本財であるのに対して、人類が甘味という嗜好品を求めるうえで産み出した生産工具が、固いサトウキビから糖液を抽出する搾糖機[2]である。製糖の技術はインドにおいて成立したが、糖蜜を分離する精製糖の技術体系は16世紀中国で確立した。この際に登場するのが、対になるローラーによって圧縮と断砕を行う機能を持った甘蔗圧搾機である。これは、『天工開物』（1637）に造糖車の名で図解（図4）されるが、日本で平賀国倫（源内）が紹介したように、世界各地の甘蔗圧搾機は同様の構造になっている。

一方で、筆者の調査ではラオス東北地方のシェンクアーン県においてローラーを持たず、上軸に人が乗って圧搾作業を行う「てこ」を用いた搾糖機を確認しており、甘蔗圧搾機が開発される以前の技術の片

出所：正宗編（1928）
図4　「蔗を軋して漿を取る図」

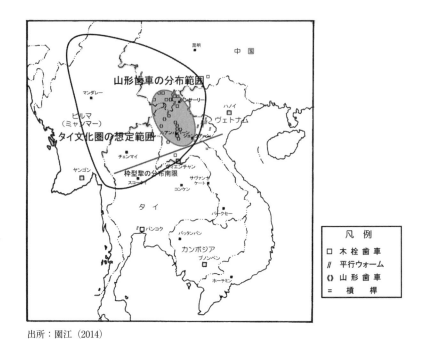

出所：園江（2014）

図5　搾糖機分布図

鱗が見られる。甘蔗圧搾機は、インドで成立した綿繰機（綿轆轤）からの着想と考えられるが、ローラーを駆動させるギヤの形状が綿繰機では世界的に平行ウォーム（螺旋状）歯車のみであるのに対し、甘蔗圧搾機では3つの系統があり、タイ文化圏においては中国系の木栓歯車とも異なる山形歯車という他の地域ではほとんど見られないものが大半を占めている。

　このことは、タイ文化圏においては糖液の抽出技術として比較的最近になって甘蔗圧搾機を採用し、その際に重要なローラーの駆動ギヤを独自に開発した可能性を示している。タイ文化圏以南のタイ系民族居住地では、本来砂糖の原料は花序を切るだけで糖液の得られる砂糖

ヤシであり、搾糖機を必要としなかった。イギリスで1912年に出版された資料には、バンコク近郊で並行ウォーム歯車を持つ甘蔗圧搾機を使用する様子の写真が掲載されている（Graham 1912）が、19世紀末から20世紀初頭にかけてのタイランドではヨーロッパ向けの砂糖輸出が急速に拡大し、それに伴って甘蔗圧搾機が普及したと考えられる。そのためタイ文化圏固有の「ローカル」な山形歯車ではなく「グローバル」な平行ウォーム歯車を備えたものが採用されたのではないだろうか。

　犂という耕具と、搾糖機という特殊な用途を持った生産工具の分析からは、タイ文化圏という国家にとらわれない地域の広がりと、インドと中国という大文明の間でそれぞれの生態環境に応じた独自の文化・技術が育まれた痕跡を確認することができるのである。

Ⅲ．ラオスにおける農業・農村開発と農耕文化―現地における理解と還元―

　1995年から約2年の間、筆者が文部省（現・文部科学省）の留学生としてまだ入国の難しかったラオスに滞在していた頃、漠然と思っていたのは、農村に差し迫った貧困がほとんど見られず生態的・文化的多様性に富んだラオスでは、農業・農村開発を進めるうえでも、地域固有の環境を踏まえた取り組みが必要ではないかということだった。

　農耕文化の研究というのは、地域の農業や農村の発展と直接の関係が必ずしも明確ではなく、ラオスの農村で人びとにお世話になりながらのフィールドワークは、少しばかり居心地の悪さを伴っていたことも事実である。

　しかしながら、その後ラオス全土で文化としての農業と文化財とし

ての農具について、在来知・在来技術と伝統的生産工具に関する研究を続ける中で、いくつかの農業・農村開発に係る調査・案件に関与し、また縁があって現地の教育振興支援団体の手伝いをする機会に恵まれた。ここでは、それについて少し紹介し、現場とどう向き合うのかということについて考えてみたい。

1．地域資源としての在来知・在来技術

　2007年末の現地調査の前に、ラオスの大学生に対して筆者の現地調査結果を踏まえたラオスの農村の多様性に関する講演を行った。

　この際、「ラオス各地の農民が『普通』と思っている事柄は、その地域や集団に固有のものであるかも知れず、それを残してゆくことがラオスという国を慈しむ源になる」[3] という趣旨の話をしたが、学生諸君は少なくとも、「自分たちの普通」だけではない豊富な農具のバリエーションと、細やかな技術に目を見張り、日本の近代を「常民」という普通の人々が担ってきたとする「民俗学の父」柳田國男の学説に興味を示してくれた。

　また、このときコメントで、自身がラオス各地を広く見聞している財界人が、在来知と在来技術をラオスの社会と国家の発展の可能性の一つとして挙げてくれたことは、その場に同席した教員や学生たちに対して一層の説得力を与えてくれた。これは、その後2010年に東京大学総合研究博物館のモバイル展示「ラオス—農の技」開催へとつながることとなった。

　この展示は、筆者が研究事業協力者を務める同館とラオス農林省国立農林研究所（NAFRI）の共催でヴィエンチャン首都のNAFRI本部で約1か月にわたって、ラオス各地の農具ほかの生産工具と江戸時代の農書に描かれた日本の農村における生産技術を比較したものである。

農具等の展示物は、それに先立って筆者が過去の調査記録を頼りにラオス国内を回り蒐集した。この企画は、決して大きな規模ではなかったが、民俗資料の蒐集と紹介を行い、その記録・保存の意義を訴える機会としてはそれなりの役割を果たすことができ、その成果は小さいものでもなかったと考えている（園江　2010）。

2．農業・農村開発への対応

　先の話から遡ることになるが、1990年代から2000年代当初はラオスの農村地域での調査実績を持つ専門家が少なかったこともあり、筆者も公的機関や民間団体の支援関連現地調査に参加することがしばしばあった。特に、農業・農村開発に対しては、在来の技術や生態資源の利用について発言できる機会があったため、それまでのラオス各地での見聞を踏まえて地域性と文化的多様性について強調した。

　特に記憶にあるのは、農業・農村開発と産業育成の両分野にまたがるものとしてワタの生産と利用可能性について北部の山岳地域と中部のメコン河沿岸の比較を行い、北部では在来品種としてしか認知されていなかった長繊維系統が、高級品としての可能性を持つことを指摘したことである（Sonoe 2005）。残念ながら、これはその後積極的に近代品種導入が進み、今のところ注目されていないけれども、オーガニックコットンなどの世界的な潮流からすれば、今後脚

図6　市場における噛み茶の販売
（サイニャブーリー県）

光を浴びることが無いとも言えない。
　ともあれ、農村に残されている未利用な生態資源、あるいは、人びとの日々の暮らしや記憶の蓄積である在来知は、現地での地道な調査によって「偶然に」見出され、記録されて初めてその価値が評価を受けて残されるのである。例えば、タイ文化圏に特徴的な「噛み茶」（図6）としては伝統的に利用されてきたが、本来タイ系民族に喫茶の習慣がなかったためにあまり顧みられてこなかったチャは、近年高級茶葉として評価されている。ラオス北部のポンサーリー県では、数年前に樹齢400年を超えるチャの古木が発見され話題となったが、この地域は佐々木高明らの提唱した「照葉樹林文化圏」として注目を集めた地域で、チャの起源地と考えられる。在来知によって維持されてきた地域の生態資源が、改めてラオスの農業と産業振興に貢献することになるのである。

Ⅳ．おわりに―未来への可能性―

　ラオス北部の農村では、軒下に巣箱を置くなどの簡単な養蜂が行われており（図7）、一部の民族は崖などに作られたオオミツバチ（*Apis dorsata*）の巣から蜜などを採るハニーハンティングをすることが知られている。また筆者は、この地域では報告の無いセミドメスティケーション（半家畜化）されたハリナシミツバチ*Meliponinae* spp.の「原初的養蜂」（meliponiculture）によるハチ類の利用を確認している（園江　2016）が、蜂蜜は長期保存に耐え持ち運びが可能な、農村地域における極めて有望な現金収入源となり得る特用森林産物の一つである。
　一方で、2014年10月に国連食糧農業機関（FAO）がミツバチ保護の必要性が急務であるとの報告書を生物多様性条約第12回締約国会議

第7章 ラオスの農業・農村開発における農耕文化研究の意義　97

図7　住居下におかれた垂直型丸太巣箱（ルアンパバーン県ナムバーク郡）

（COP12）に提出したが、これは、環境変動とグローバル化がもたらす生物資源の賦存状況の急速な変化や、ハチ群崩壊症候群（CCD）による養蜂業および農業への深刻な被害が懸念されることによる。

　これらの問題は、世界的に飼育されているセイヨウミツバチ（*A. mellifera*）で深刻であるが、ラオスではこれまでにセイヨウミツバチを用いた商業的養蜂はほとんど行われておらず、伝統的養蜂ではトウヨウミツバチ*A. cerena*が飼育されている。筆者が、現在進めているハチ類の利用に関する研究は、外来種であるセイヨウミツバチに依存しない、在来知に根ざした遺伝資源の多様性保全と文化的に連続性を持った適正技術として振興するための基礎的情報として現地に還元することが期待できる。

　後発途上国でありながら「豊かな」ラオスの農村は、家族農業として自立する個性を持った各農家が主体となっている。それを支えてい

るのは近隣諸国に比較して豊富な生態資源と農村の多言語・多民族環境下の文化的多様性であり（園江　2016）、その在来知と在来技術の集成としての農耕文化の研究は、地域の農業・農村開発に画一的で大規模化を指向するものとは異なる道筋を示すものとなると言えるだろう。

注
（1）これは、犂・耙ともにタイ系言語起源の語がないことからも補完できる。
（2）ギヤによってローラーを回転させ、サトウキビの茎を圧搾して液糖を採取する「造糖車（軋蔗）」を一般に甘蔗圧搾機sugar millと呼んでおり、搾糖機sugar pressはこれ以外の構造のものを含んでいる。
（3）ラオス国立大学ラオス日本センターにおける「第8回日本人研究者によるラオス研究成果発表会」（2007年12月12日）での筆者講演「現代社会におけるローカルノレッジ研究の意義と国民国家に対する役割」（ラオス語）。この際、ラオス文化振興財団理事長のヴィラチット・ピラーパンデート氏にコメンテーターをお願いした。同氏は、Lao Toyota Service Co., Ltd.会長兼CEOを務めるほか、複数の企業を経営し政府からも各種委員等を委嘱されるラオス有数の経済人でもある。

参考文献
Graham, Walter Armstrong（1912）Siam: A Handbook of Practical, Commercial and Political Information. Alexander Morning.
熊代幸雄（1969）『比較農法論』、御茶の水書房、684p。
正宗敦夫編纂校訂（1928）『物類品隲』日本古典全集刊行会、182p。
新谷忠彦編（1998）『黄金の四角地帯—シャン文化圏の歴史・言語・民族』慶友社、321p。
Sonoe, Mitsuru（2005）The Outlook for Cotton Production and its Ecological Aptitudes in the Lao P.D.R.. (in Thongloun Shisoulith and Yonosuke Hara ex-eds. Macroeconomic Policy Support for Socio-Economic Development in the Lao P.D.R.: Phase 2. Main Report Vol.2

pp.196-211）CPI, Lao P.D.R. and JICA. 359p.
園江満（2006）『ラオス北部の環境と農耕技術―タイ文化圏における稲作の生態』慶友社、269p。
――（2010）「海外モバイル展示『ラオス―農の技』」ウロボロス（東京大学総合研究博物館ニュース）第15巻2/3号、pp.10-19。
――（2014）「山地民としてのタイTay」C.ダニエルス編『東南アジア大陸部　山地民の歴史と文化』言叢社、pp.277-318、322p。
――（2015）「農耕と家畜の文化―タイ文化圏における事例から―」家畜資源研究会報第14号、pp.17-21。
――（2016）「ラオス北部における生態的・文化的多様性と家族農業の生活戦略」開発学研究第26巻第3号、pp.14-21。
園江満・中松万由美（2009）「地域としてのラオス北部」新谷忠彦・C.ダニエルス・園江満共編著『タイ文化圏の中のラオス―物質文化・言語・民族』慶友社、pp.10-67、401p。
Sūn Sathit hæng Sāt, Kasūang Phængkān læ Kān-longthū'n（SS）［Lao Statistics Bureau, Ministry of Planning and Investment］. 2015. Sathiti Pacham Pī 2014［Statistical Yearbook 2014］. SS.
ヴェルト，エミール、薮内芳彦・飯沼二郎共訳（1968）『農業文化の起源―堀棒と鍬と犁』岩波書店、605p。
横山智・落合雪野編（2008）『ラオス農山村地域研究』めこん、453p。

第8章
太平洋島嶼国の開発課題と伝統的食料資源の活用

杉原　たまえ

Ⅰ．はじめに

　「太平洋」は地球の全地表の3分の1、海洋面積の5割弱を占めている。この広大な海域に点在する「大洋州島嶼国」(12国家と2地域)は、民族・部族や言語、政治体制（立憲君主制・大統領制・共和制）の多様性や所得水準（高中所得国〜後発開発途上国）の差異に加えて、それぞれの国家や地域が独自の伝統文化を保持している。

　一方でこの地域は、気候や環境変化に対する脆弱性、燃料・食料の海外依存、所得機会の制約による海外移民と送金経済への依存、弱体な国家財政と援助依存など、脆弱な経済・社会構造のもとに置かれている点で共通している。年間通して多様な作物が収穫できるため、食料も豊富で飢餓や差し迫った貧困問題は存在しないかのように見えるものの、上記の脆弱性がもたらす多くの問題を見過ごすことはできない。

　本章では、近年関心が高まっている太平洋島嶼地域への開発支援の概要について整理し、本国への送金経済が常態・深化するにつれて、深刻な健康被害をもたらしているトンガでの事例を概観し、送金経済からの脱却の一手段として、伝統的植物資源の活用を提示する。

Ⅱ．太平洋島嶼国の開発概況

1．地域別にみた島嶼国家の特徴

広大な海域は、「メラネシア」「ポリネシア」「ミクロネシア」に分けられる（表1）。「メラネシア」は、ギリシャ語で「黒い肌の人が住む島」という意味をもつ。火山島が多いため、土壌が肥沃で農業に適している。太平洋島嶼国家の陸地面積の8割を占めるパプアニューギニア（以下PNG）は、コーヒーやコプラ、パームオイルなどの農業生

表1　太平洋島嶼国の特徴

	国　名	陸地面積 km²	土地利用割合（2011年）%			人　口 (2015)
			農地	森林	その他	
メラネシア	パプアニューギニア	462,840	2.6	63	34.3	6,672,429
	ソロモン	28,896	3.9	78.9	17.2	622,469
	フィジー	18,274	23.3	55.7	21	909,389
	バヌアツ	12,189	15.3	36.1	48.6	272,264
ポリネシア	サモア	2,831	12.4	60.4	27.2	197,773
	トンガ	747	43.1	12.5	44.4	106,501
	ツバル	26	60	33.3	6.7	10,869
	ニウエ	260	19.1	71.2	9.7	1,190
	クック諸島	236	8.4	64.6	27	9,838
ミクロネシア	ミクロネシア連邦	702	25.2	74.5	0	105,216
	マーシャル	181	50.7	49.3	0	72,191
	キリバス	811	42	15	43	105,711
	ナウル	21	20	0	80	9,540
	パラオ	459	10.8	87.6	1.6	21,265

＊参考：日本国外務省「太平洋島嶼国国別評価報告書」2009年。
出典：Central Intelligence Agency, The WorldFact book 2015.

産のほか天然資源が豊富である。近年は、液化天然ガス輸出に海外投資が相次いでいる。太平洋島嶼国の中でPNGだけが、貿易黒字国である。この地域で中核的存在のフィジーでは、先住者フィジー人とかつてサトウキビ労働者として移住したインド人との間でクーデターが勃発している。

「ポリネシア」は、ギリシャ語で「多くの島々」の意味である。サモアは、植民地時代にアメリカ領とドイツ領に分断され、独立後アメリカ領はアメリカン・サモアとしてアメリカ保護領となり、ドイツ領はニュージーランド委任統治を経てサモア独立国となった。サモアに

	概況*
	独立前から経済協力を実施。大洋州最大の国土と人口を有し、鉱物・液化ガスの天然資源や漁業資源などが豊富。経済格差が深刻化しつつある。近隣国のインドネシアとの交流も盛ん。
	1,000近くの島嶼から成る国家。部族間対立がかねてより激しい。木材、漁業、コプラ生産が主要産業。漁業分野で日本との関係が深い。
	ポリネシアの中核の存在。フィジー人とインド人が拮抗。甘蔗、稲作、飲料用水の生産。観光産業も盛ん。
	英国とフランスの共同統治より独立。畜産に取り組んでいる。
	火山島のため、土壌は肥沃で水源には恵まれているが、自給経済が主体。コプラ、パームオイル、漁業、海外からの送金が主たる所得源。
	火山島のため、土壌は肥沃。日本向けカボチャ輸出が破綻後、新たにバニラ生産や商品開発などがおこなわれている。しかし、まだ自給経済が主で、海外送金に依存。
	環礁国のため海面上昇が深刻な問題。国家経済は、入漁料や、送金、ドメインコード使用権収入、信託基金等に依存してきた。産業開発が困難。
	ニュージーランドとの自由連合関係を維持。海外送金に依存。
	国土が地理的に拡散している環礁国。ニュージーランドとの自由連合関係を維持。観光業、農業、漁業（黒真珠養殖）など。
	自由連合協定による米国の財政的支援を受けている。歴史的関係から日本との関わりが深い。4州が固有文化を有している。
	自由連合協定による米国の財政的支援を受けている。環礁からなるため、気候変動による海面上昇が深刻な問題。自給経済が主体。
	国土が地理的に拡散しており、経済開発が困難。環礁からなるため、気候変動による海面上昇が深刻な問題。自給経済が主体。
	リン鉱石採掘が唯一の産業。資源枯渇が深刻。
	国連の太平洋島嶼信託統治領から独立後、自由連合協定で米国の財政援助を受けている。観光開発が中心。歴史的関係から日本との関わりが深い。

は日系企業が1社進出しているが、国内産業が育たず、慢性的赤字財政のもと海外送金に依存する状況が続いている。ツバル、クック諸島、ニウエは、珊瑚・環礁島のため肥沃度が低く、とくに気候変動による海面上昇で知られるツバルは、国土が狭小のため産業開発が困難である。

「ミクロネシア」はギリシャ語で「小さな島々」を意味する。ミクロネシア連邦（以下ミクロネシア）とマーシャルは、アメリカとの間に自由連合協定が交わされており、アメリカからの財政支援（コンパクトマネー）がミクロネシアの国家財政の5割、マーシャルでは6割を占めている。マーシャルでは、戦後、アメリカがビキニ環礁で行った核実験に対する補償金も支払われている。キリバスは広大な経済的排他水域を有し、入漁料が主要な国家収入である。

表2　太平洋島嶼国のGDP・所得分類およびODA支援

地域	国名	GDP (2014)		GDP 産業別割合 (2014) %			所得水準分類 (2014)	
		総額（百万ドル）	一人当（ドル）	農業	工業	サービス	DAC	世界銀行
メラネシア	パプアニューギニア	18,600	2,500	25.2	37.3	37.5	低中	iii/低中
	ソロモン	1,094	1,900	51.6	10.1	38.2	後発	iii/低中
	フィジー	7,404	8,400	12.1	19.9	68.0	低中	iii/高中
	バヌアツ	683	2,600	28	8.8	63.2	後発	iii/低中
ポリネシア	サモア	997	5,200	11.2	30.2	58.6	後発	iii/低中
	トンガ	502	4,900	20.5	18.8	60.7	低中	iii/低中
	ツバル	35	3,300	24.5	5.6	70.0	後発	iii/低中
	ニウエ	10	5,800	23.5	26.9	49.5	高中	−
	クック諸島	183	9,100	5.1	12.7	82.1	高中	−
ミクロネシア	ミクロネシア	308	3,000	26.3	18.9	54.8	低中	iii/低中
	マーシャル	182	3,300	4.4	9.9	85.7	低中	iii/高中
	キリバス	189	1,700	26.3	9.2	64.5	後発	iii/低中
	ナウル	150	14,800	6.1	33	60.8	高中	−
	パラオ	250	14,100	3.2	20	76.8	高中	IV/高中

注：※シェア1位は米国（85.9%）　◆シェア1位は米国（76.6%）
出典：Central Intelligence Agency, The World Fact book,2015　◎：日本国外務省、「国別データブック」2015年度より算出。

2．太平洋島嶼国に対する先進国の開発支援

　第二次世界大戦後、太平洋島嶼国は旧宗主国から独立を遂げた後も、旧宗主国を中心に多額の経済援助を受け続けている（表2）。最大のドナーは、オーストラリア、ニュージーランド、アメリカである。戦前より、旧イギリス領植民地の管理運営を、イギリスに代わって当たってきたのがオーストラリアとニュージーランドである。戦後は、オーストラリアがメラネシア地域の開発に、ニュージーランドがポリネシア地域の開発に主として関わってきた。メラネシア地域でのオーストラリアの開発支援は、経済規模が大きいPNGへの経済開発と、脆弱な国家への人道的支援や環境保全分野の支援が中心である。ニュージーランドは、クック諸島、ニウエ、トケラウに対しては直接的財政支援を、サモア、ツバル、トンガに対しては人材派遣支援をおこなっ

輸出入額 (2014) 百万ドル		対外債務残高 年度： 百万ドル	日本ODA援助受取総額◎ (2013年度までの累計) 億円			経済協力ドナー国別シェア◎ (2012) %		
輸出	輸入		円借款	無償資金協力	技術協力	オーストラリア	ニュージーランド	日本
8,941	4,013	2014: 26.5	787.86	387.60	299.49	89.3	4.3	3.8
448.1	464.5	2014: 466.9	—	242.80	107.61	82.9	10.8	5.7
1,152	2,403	2014: 769.1	22.87	188.08	270.77	64.9	6.1	23.0
49.1	275.5	2012: 369.2	49.45	129.19	72.43	68.3	15.4	10.2
24.0	325.3	2013: 447.2	45.98	276.81	130.34	59.8	20.7	18.5
38.8	152.7	2014: 215.0	—	194.30	104.31	46.8	30.3	21.0
0.6	136.5	NA	—	100.37	24.63	63.5	18.6	17.1
0.2	9.0	2002: 418.0	—	—	1.73	33.0	66.5	0.5
0.0	83.4	1996: 141.0	—	1.09	8.34	24.1	73.2	2.4
88.3	258.5	2013: 93.6	—	207.25	86.74	7.0	0.2	※7.7
53.7	133.7	2013: 97.9	—	146.99	48.50	10.4	0.0	◆12.9
84.7	182.2	2013: 13.6	—	202.34	46.43	49.9	20.7	28.6
125	143.1	2013: 33.3	—	16.96	4.10	84.4	8.9	6.3
19.1	177.7	2014: 18.3	—	204.30	62.86	44.3	—	51.9

て、太平洋島嶼国への開発支援を重視している（黒崎　2014）。一方、世界最大のODA供与国であるアメリカの支援は、自国の信託統治領であったミクロネシア3国に限定されている。

　日本は、第二次世界大戦以前の約30年間、パラオに南洋庁を置き、ミクロネシア地域の諸国を国連から「委任統治」というかたちで治めた。第二次世界大戦後の日本の太平洋島嶼国への支援は、1985年以降に始まる。現在、日本はミクロネシア地域にとどまらず、太平洋島嶼国への広い支援を通じて、広大な排他的経済水域を有する国々との関係強化に取り組んでいる。

　また、日本は1997年以降「太平洋・島サミット（PALM）」を3年ごとに開催し、防災・気候変動・持続可能な開発・海洋問題・貿易・観光などの重点分野を協議する場を創出している。

　太平洋島嶼地域は、地政学上でも資源管理上でも今後さらに重視される傾向にあり、近年はとくに中国の関与が活発化している。オーストラリアとニュージーランドは、太平洋島嶼国とともに「太平洋諸島フォーラム（Pacific Islands Forum：PIF）」という地域協力機構を組織している。PIFは、経済・社会開発を目的に当時の宗主国6ヵ国が主導して「南太平洋委員会（South Pacific Commission：SPC）」を1947年に結成したことに始まる。その後、独立後の島嶼国が主体的に討議する「南太平洋フォーラム（South Pacific Forum：SPF）」に再編され（1971年）、2000年10月に現在の「太平洋諸島フォーラム（PIF）」へと展開してきた。

　このように脆弱な太平洋島嶼国は、地域連携によって国際社会の関心やドナーからの支援を引き出してきた。

3．太平洋島嶼国の開発課題

(1) 太平洋島嶼国が抱える共通課題

　太平洋島嶼国の共通した課題として、「自給自足経済システムと市場経済システムとの共存」、「公的支出依存体質」、「外国依存体質」が指摘されている（外務省　2009）。政府関係の雇用が多いため政府支出額の割合が高く、その財政もドナーに支えられている。産業は、自給的な農業と漁業が中心であり、資本蓄積が進みにくい状況である。

　雇用機会が著しく乏しい太平洋島嶼国では、海外に出稼ぎに出ることが多く、海外送金や、海外諸機関からの開発援助などで構成されるレントへの依存が常態化している。こうした経済的状況は、移住（Migration）、送金（Remittance）、援助（Aid）、官僚制（Bureaucracy）に偏重した「MIRAB型経済」と表わされ、サブシステンス部門と伝統的な社会関係との補完・共存によって成立していると説明される。海外出稼ぎを契機とする急激な資本経済システムと近代社会への接近は、伝統的社会に混乱ももたらしており、人口に対する自殺率の高さは世界的にみても非常に高い。

　一方で、GDPでは測りきれないサブシステンス社会の「豊かさ」についても、開発との文脈で再考すべきであろう。関根久雄は、そうした経済特性を前提に、人々は「開発」に対する一定の「自律性」を確保し、近代化を享受しようとしているのであって、「開発」との関係を対立軸で把握するのではなく、自然環境との調和や自律性を追求するサブシステンスを指向するかれらの「自存」について考慮することが、この地域の持続可能な開発を考える際に必要であることを指摘している（関根　2016）。飢えることのない社会は、しばしば開発支援の緊急性や必要性から遠ざけられてきた。長らくの間サブシステン

ス社会自体が、先進国にとって無関心ないし非近代的な象徴として扱われてきた。しかし、移動性が高く親族間の緊密性の強固な海洋の民が、近代や開発をいかに戦略的に取り込みつつサブシステンスを維持してきたのか、再考すべきであろう。

（２）送金経済の深化とその影響

　2013年度の海外から本国への送金と、本国から海外への送金について表３にまとめた。本国人口に対してもっとも多くの海外出稼ぎ者を出しているのが、サモアとトンガである。サモアは本国人口の57.9％、トンガは52.9％にあたる人口が国外に居住している。

　本国への送金の仕方として、①オーストラリアとニュージーランドが金額ベースで５割以上を占める型（フィジー71.2％、サモア64.2％、

表3　太平洋島嶼国をめぐる海外送金の現状

送金送付金額・送付元国数（送金額：百万USドル（国数））								計（本国向け送金）		移住者（人）	本国人口比（％）※
オーストラリア	ニュージーランド	大洋州	アジア	欧州	北米	中南米	アフリカ	送金送付国数	送金額		
71	52	1 (8)	0 (4)	6 (21)	78 (2)	0 (9)		46	209	201,426	22.2
27	63	32 (4)	0 (1)	0 (16)	18 (1)	0 (5)	0 (2)	31	140	114,568	57.9
22	43	0 (3)		0 (15)	45 (2)	1 (9)	0 (2)	33	114	56,303	52.9
13	0	0 (2)	0 (3)	0 (21)	0 (2)	0 (9)	0 (5)	44	15	38,951	0.6
14		1 (5)	1 (8)	0 (15)	1 (2)	0 (4)	0 (2)	28	17	3,044	0.5
0	4	6 (5)		0 (7)	16 (2)	0 (5)	0 (1)	21	26	29,335	27.9
0		1 (5)	0 (1)	0 (10)	21 (1)	0 (2)	0 (1)	21	22	9,768	13.9
2	4	9 (5)		0 (14)	6 (1)	0 (3)	0 (1)	26	21	5,367	5.1
4		17 (5)	0 (1)	2 (14)	0 (1)	0 (2)	0 (2)	26	24	8,408	3.1

出典：The World Bank, *Bilateral Remittances Matrices 2014* より作成。
注（※）：移住人口／本国人口

トンガ57％、PNG86.7％）②オーストラリア１国で８割以上を占める型（ソロモン82.3％）③アメリカ１国型（ミクロネシア61.5％、マーシャル95.4％）④パプアニューギニアやニューカレドニアなど太平洋島嶼国内からが大半を占める型（キリバスはPNGからが42.9％、バヌアツはニューカレドニアから62.5％）に分類できる。いずれも植民地時代の宗主国とのかかわりの中で、独立後も経済的関係が継続していることが分かる。2013年度のデータでは、フィジーへの送金額が最高で、46カ国から２億900万USドルが送金されている。最小は、出稼ぎ割合の低いPNG（38,951人：本国人口比0.6％）で、44カ国から1,500万USドルの送金にとどまっている。

　一方、総額は下回るが、本国から海外へも送金が行われており、３つのパターンが確認できる。①送金された国へ送り返される返礼型

本国 送金受／送	海外送金受取金額・受取国 (送金額：百万USドル (国数))								計	
	オーストラリア	ニュージーランド	大洋州	アジア	欧州	北米	中南米	アフリカ	中東	送金受取国数	送金額
フィジー	10	1		15 (3)	0 (1)					6	27
サモア	6	2	0 (9)	0 (2)	0 (3)	3 (2)				18	12
トンガ			1 (2)	2 (3)						5	3
PNG	20	1	10 (3)	61 (8)	30 (5)	3 (2)		8 (1)	10 (1)	22	143
ソロモン	2	0	65 (3)	3 (7)	28 (4)			0 (2)		18	100
ミクロネシア	0	0	0 (1)	4 (3)						6	4
マーシャル	0	0	0 (5)	4 (4)		1 (1)				12	5
キリバス	1	0	0 (2)		0 (1)	0 (1)				6	2
バヌアツ	3	0	26 (10)	1 (12)	7 (10)	0 (1)	0 (2)	0 (5)	0 (2)	44	38

(サモア) ②アジアへの転流型（フィジー、トンガ、PNG、ミクロネシア、マーシャル) ③旧宗主国への転送型（PNG、ソロモン、バヌアツ) ④大洋州還流型（ソロモン、バヌアツ）である。サモア本国からの海外送金は、海外居住している家族や親族への経済的援助だけでなく、サモア国内で行われた葬儀や結婚式、教会の改修などの際に行われる伝統的社会システムの互酬性にもとづく返礼という意味合いもあろう。アメリカから送金があるミクロネシアやマーシャルからの海外送金額は400〜500万USドルと低額ではあるが、本国からの海外送金先はアジア（フィリピン、日本、中国）に集中している。送金受取額の多いフィジーやトンガからの送金額は、5割がアジアに向けられている。ソロモンやバヌアツからは、旧宗主国フランスに向けて送金されている。PNGやソロモンのように、送金を受け取る額よりも本国から海外へ送金する額のほうがはるかに上回っている国もある。とくにPNGは送金受取額の10倍近い額を、アフリカや中東を含めた広域に送っている。

　こうした送金は、経済的な支援だけでなく、共同体との紐帯保持のためにも行われている（飯森ほか　2010）。統計的に把握される送金額だけでもGDPの5分の1になる国もあり、PNG以外の貿易収支赤字国にとって重要な財源として位置づけられている。問題は、こうした送金が貯蓄や投資に回されることなく、本国内では食料を中心とした輸入消費財の購入にその大半が充てられることである。そのため、伝統的な食生活が西洋式に一変し、糖尿病や肥満といった深刻な健康障害を太平洋島嶼国にもたらしている。

Ⅲ．トンガにおける伝統的食料資源を活用した開発の可能性

　本章では、太平洋島嶼国の共通課題である送金経済の深化による健康状態の悪化という課題に対し、トンガを事例に問題削減への接近を試みる。

１．トンガの社会・経済概況

　トンガは、対馬とほぼ同じ面積の国土に106,501人の人口を擁している（世銀　2015）。また、人口の52.9％に相当する56,303人が出稼ぎや移民で海外に居住している。移住コロニーのあるアメリカを筆頭に、ニュージーランドやオーストラリアから送られてくるトンガ本国での海外送金の受取総額は、１億1,400万USドルに達する（The World Bank　2014）。この額は、国家予算の50.7％に相当し、またGDP比で22.7％と高い比率を占めている。天然資源に乏しく人口が少ないことに加え、生活物資等の大半を輸入し、一方で外貨収入は海外送金や援助に依存した経済であることから、自立的な経済発展・社会開発を達成するための構造的な制約にも直面している。さらに、気候変動や自然災害に対しても脆弱性を抱えており、サイクロンや地震・津波などの自然災害のリスクが高い。また、都市化による水資源への影響が顕在化していることから、環境に配慮した社会インフラの整備が必要とされている。

　トンガの産業構成（GDP比）は、農林水産業（20.5％）、鉱工業（18.8％）、サービス業（60.7％）である（世界銀行　2015）。主要輸出品は、カボチャ、バニラビーンズ、ヤムイモで、一次産品（農産物・水産物）が全輸出額の３分の２を占めている。1980年代後半、日本向

けカボチャ生産が盛んになり、1991年に22,000トンあった日本への輸出は、全輸出総額の55％を占めるまでに至った。しかし、2000年には1,000トンに激減した。原因は、日本でのメキシコ産カボチャの輸入増大、北海道のカボチャ出荷期間の長期化、トンガ産カボチャの品質や規格の日本市場への不適合であり、日本市場から撤退を余儀なくされた。以来、1980年代のカボチャブーム崩壊のもとでトンガ住民の経済的苦境が続いている。

2．トンガの生活課題

　家計消費支出をみると、食料購入費が47％を占め、そのうち肉類（30.3％）とパン類・シリアル類（14.1％）が上位を占めている（Tonga 2009）。これらの食材は、ニュージーランドやオーストラリアからの輸入である。輸入食料への依存が深まる一方で、伝統的食料資源の利用率の低下は著しい。太平洋島嶼国家同様、トンガ住民の伝統的食料は、ヤム、タロ、キャッサバなどのイモ類やブレッドフルーツ、魚介類、ココナッツなどであった。しかし近年、輸入食料品への依存を年々強め、イモ類がパンに、魚介類が肉類へ、ココナッツ飲料が清涼飲料へと取って変わり、加えて高脂肪食品や糖質を過剰摂取するようになった。伝統的食料資源の利用度低下・消失による食生活の変容が、食料自給力の著しい低下を招いた。とくに安い羊の肋骨肉（SIPI）やコンビーフなどの輸入増大は、カボチャ輸出経済が破綻した状況下での外貨流出という経済問題とともに、食生活の急激な西洋化による深刻な健康問題を引き起こし、肥満・成人病による健康状態を深刻なものにしている（表4）。

表4 成人肥満率（2014）

		成人肥満率（%）
メラネシア	パプアニューギニア	25.5
	ソロモン	25.0
	フィジー	35.9
	バヌアツ	32.9
ポリネシア	サモア	41.6
	トンガ	41.1
	ツバル	39.6
	ニウエ	42.5
	クック諸島	50.0
ミクロネシア	ミクロネシア	33.2
	マーシャル	42.3
	キリバス	40.1
	ナウル	45.1
	パラオ	47.1

出典：表1に同じ

3．伝統的食料資源「ブレッドフルーツ」活用の可能性

　輸入食料への依存度を引き下げ、人々の生活を改善するためには、住民の伝統的食料資源の再認識と利用向上を促進する必要がある。さらに、廃棄率の高い伝統的食料資源から現代的加工食品を創出することによって新たな所得源を確保し、地域住民の生計改善を図る必要がある。このような背景により、現在われわれは伝統的食料資源である「ブレッドフルーツ」に着目した開発の可能性を模索している。

（1）伝統的食料資源「ブレッドフルーツ」

　ブレッドフルーツ（学名：*Artocarpus altilis* トンガ語：Mei）とは、クワ科の果樹で、太平洋島嶼地域のほか、約90ヵ国で栽培されている。果樹でありながらデンプン質を多く含んでいるため、太平洋島嶼国では伝統的にイモ類同様に食されていた。パシフィック・アイランダーとしてのアイデンティティーを保持する伝統的植物でもある。南太平洋島嶼地域では、アグロフォレストリーの重要な樹種の一つであり、

労働粗放型の栽培が可能で病害虫に強いため、労働費や農薬などの投入コストを抑制できることなどが利点として考えられる。また、耐塩性に優れ、水を多く必要としないので、用水源の確保が難しい島嶼国に適した作物である。このような農学的特性に加え、栄養学的特性としては、グルテンフリーであるためグルテンアレルギーの原因物質を除去した食品の製造原料として利用可能性が指摘できる。また、ポリフェノール含有率が高いことを活用した機能性食品の創出も有望であり、先進国輸出向け商品の創出も期待できる。しかしながら現段階では、トンガではチップスの加工品開発にとどまっている。近い将来、気候変動による甚大な影響を受けることが予想される太平洋島嶼国家にとって、食料の安定的確保は最重要課題であるが、このためには有用な特性を有するブレッドフルーツのような伝統的食料資源の再評価と新規利用開発が不可欠となる。

(2) トンガでのブレッドフルーツの賦存量・利用状況

　トンガの5地域から31村を抽出し、現地NGOの協力のもと、5地域31ヵ村で、ブレッドフルーツの賦存状況に関する悉皆調査（994戸）を実施した。その結果、次のことが明らかとなった。調査世帯の9割以上の世帯が、庭畑で平均3本強、畑で平均4本のブレッドフルーツを栽培している。トンガに自生する品種は8種類で、主島では8割を超える世帯が販売しているが、離島では販路がなく100％自給用である。重要なのは、その7割が消費されること無く無駄に捨てられているという点である。収穫が季節的に集中し、果実が保存性に乏しいことが大量の廃棄を生み出す原因となっている。

(3) 伝統的食料資源の見直しと新規加工品の可能性

　太平洋島嶼国における伝統的食料資源であるブレッドフルーツにわれわれが注目する理由は、①トンガで重要な食料資源でありながら、廃棄率が高く十分に利用し尽くされていないこと、②太平洋諸国からの移民・出稼ぎ者の多いニュージーランドやオーストラリアなどで、伝統的食品として大きな潜在的需要のあること、③栄養学的・医学的に優れた特性を保持していること、④小麦価格の上昇にともない代替品の開発が期待されているなかで、ブレッドフルーツ粉の加工品開発が有望と考えられること、⑤持続可能性のある農業生産と販路開拓により、農業関連産業での雇用の増大が見込まれること、である。収穫期には、高い輸入食材に替えてブレッドフルーツを摂取することで家計支出を低減し、さらに付加価値が創出されるような新規加工品開発を、現在トンガにおいて住民とともに試験研究中である。

Ⅳ．まとめ

　本章では、太平洋島嶼国の特徴と、これまでの開発の経過と課題を概観した。そのなかで、外部からはODA等の開発支援が、内部からは雇用機会の欠如による海外出稼ぎが、外国依存体質を深めている構造を把握した。日本向けカボチャ生産という農業開発の光と影を経験したトンガでは、送金経済からの離脱が困難である。そうした中で、伝統的食料資源に着目したのは、外部から資源を持ち込むことなく既にそこにある資源を利用できるからである。育て方から保存・利用の仕方に至る「在地の知（ローカルナレッジ）」を基盤に、食費の削減、所得向上および雇用機会の拡大につながることが期待できる。
　つまり、ブレッドフルーツの加工品開発は、トンガにおける住民の

生計向上や健康改善を図るという意義だけでなく、ブレッドフルーツの活用をエントリーポイントとして他の伝統的食料資源の新規利用法開発へと展開し、トンガ農業全体の振興に繋がることが期待できる。さらに、トンガと同様の脆弱性を抱える太平洋島嶼地域のフードセキュリティ強化にも貢献するであろう。

参考文献

King of Tonga (2009) Statistics Department, Household Income Expenditure Survey.

The World Bank (2014) Bilateral Remittances Matrices

MIGRATION POLICY INSTITUTE (2011) MPI DATA HUB, Remittances profile: Tonga.

OECD (2014) Development Co-operation Report 2014.

飯森文平・Wong Seumanu Gauna・杉原たまえ (2010)「サモアにおける海外への労働力移動と伝統的農村社会」農村研究第111号、pp.45-60。

黒崎岳大 (2014)『海洋の「陸地化」と太平洋地政学』調査研究報告書、アジア経済研究所、pp.16-44。

国際シンポジウム (2015年5月22日)「太平洋島嶼国の開発と資源―持続可能な開発と生存戦略」アジア経済研究所主催。

関根久雄 (2016)「太平洋島嶼地域におけるサブシステンス指向の生活と持続可能性」日本国際地域開発学会春季大会シンポジウム報告要旨。

日本国外務省 (2009)「平成20年度外務省第三者評価太平洋島嶼国評価報告書」。

追記：本章は、「南太平洋島嶼国における在来植物資源の新規利用開発とソーシャルビジネスの展開」(東京農業大学戦略研究：2013年度～2015年度) (杉原たまえ・岩本純明・豊原秀和・田島淳・野口智弘) の共同研究による成果の一部である。

第9章
グローバル化の中のアフリカ農業
―ザンビアを事例に―

半澤　和夫

Ⅰ．はじめに

　かつてサハラ以南のアフリカは飢餓、貧困、紛争など、負のイメージで語られることが多かったが、21世紀に入った頃から大きく変わり始めた。多くの国で経済成長率が高くなり、アフリカは「資本主義最後のフロンティア」「10億人市場」などと注目されるようになった。現在の人口は約10億人だが、2040年までには20億人に倍増し、さらに今世紀末頃まで人口ボーナス[1]が続くと予想される。

　振り返れば、1960年前後の独立から政治体制としては一党制、国家主導型の経済政策を採用する国が多くみられた。1970年代後半から多くのアフリカ諸国で経済が停滞し、貧困や累積債務問題などが国際的な舞台で大きく取り上げられるようになった。その後、1980年代から構造調整政策が、そして冷戦終結後の1990年代には多党制という意味での民主化が多くのアフリカ諸国で導入され、政治と経済の両面で大きく変化したのである。

　本章では、このような一連の政治経済体制の転換、そしてその後の動きを「グローバル化」と捉えてみたい。より明確に表現すれば、「グローバル資本主義」の浸透ということになるのだが、これは外部の力で強く押し進められた面がある。独立後アフリカの多くの指導者たち

は、内容は様々であったが、社会主義のイデオロギーを唱えていた。ザンビアの初代大統領であったケネス・カウンダもその一人であった。アフリカのように未発達の市場経済ないしは慣習経済のもとでは、政治と社会を切り離して経済現象を考察すると、対象地域全体の方向性を見誤る恐れがある。

　筆者は多党制導入後、最初の1991年大統領選挙直後にザンビアを初めて訪問、その後約20年間、調査する機会を得た。長期間の観察を通じて、国の政策転換によるグローバル化の影響を、国や村レベルでの土地をめぐる問題や農業の変化を通して考察してみよう。

Ⅱ．国の成り立ちと土地政策

1．植民地化と土地政策

　ザンビアという国の成立と土地政策についてみてみよう[2]。ザンビアはイギリスの植民地であった北ローデシアが1964年に独立して誕生した国だが、その領土は1890年に始まるセシル・ローズのイギリス南アフリカ会社（British South Africa Company：BSAC）が占領、統治して形成された。前年、大英帝国から特許を得たBSACは当時、ベルギー、ポルトガル、ドイツとの勢力争いを経て、またアフリカ人社会のチーフなどとコンセッションや条約を結んで領土を獲得した。ベンバやンゴニの王国に対しては、時には武力を用いて実効支配することもあった。

　1924年、BSACによる統治が終わり、北ローデシアはイギリスの直轄植民地となった。この時点では、領土のうち、BSACが3.5％、北チャーターランド会社が1.4％の土地を所有していたが、ヨーロッパ人入植者に6.4％の土地が分譲された。初代総督のスタンレーは「白人の国」

として開発しようとして、鉄道沿線の土地をヨーロッパ人に与えた。1928年の勅令により、ヨーロッパ人用の王領地（Crown Land）とアフリカ人用の原住民指定地（Native Reserve）が設定され、前者にはイギリス王室からの自由土地保有権もしくは土地リース権が付与され、そして後者には慣習法が適用された。その結果、土地制度は私有と共同保有という二重構造が成立することになった。王領地が設定されたことで、1928年から1930年の間、6万人のアフリカ人が原住民居留地に移住させられた。また、1947年には国土の57％を占める原住民信託地（Native Trust Land）が設定され、慣習法が適用された。

　1920年代にザンビアで銅などの鉱物資源が発見され、現在のカッパーベルト州内の諸都市のように資源開発による鉱山都市が生まれた。これらの鉱山ではアフリカ人が炭鉱労働者として雇用され、また食糧を供給する大規模な農場が鉄道沿線地帯の交通事情の良い肥沃な土地で発達した。これら農場の経営者の多くはイギリス本国などからやって来た白人たちであった。

　その後、原住民指定地に強制移住させられたアフリカ人の間に不満が生じ、土地再配分への要求が強まった。他方、予想されたほど白人入植者は集まらなかったので、王領地では未利用の土地が多く存在した。そこで植民地政府は、前述のように、1947年に王領地の一部を原住民信託地に変更し、アフリカ人が農地として利用できるようにしたのである。

　このように植民地時代のザンビアの土地制度は、イギリス土地法に基づく成文法と、先住民であったアフリカ人の伝統的制度を尊重した慣習法という二重構造から成っていた。また、国の統治も近代的国家と伝統的首長制という二重性であった。

2．独立後の土地政策

独立後、ザンビアの土地制度は実質的に大きな変更はなく、王領地と指定地は大統領に帰属した。ただし、名称が変更になり、王領地が国有地（State Land）、原住民指定地が指定地（Reserve）、原住民信託地が信託地（Trust Land）となった。指定地や信託地の土地制度は民族集団によって異なるが、一定の領域を支配する首長が村長を承認し、首長や村長が村民に土地を配分する権限を有している。

1991年の多党制による大統領選挙の結果、チルバ大統領が誕生し、構造調整を本格的に導入した。民営化・自由化という市場経済化政策の推進に合わせて、従来の土地制度を根本的に改めようとする動きが現れ、1995年に土地法が改正された。その結果、首長や村長という伝統的権威や地方議会の許可を得て土地利用権の不安定性を除去し、利用権の長期的な保証が確保できるようになった。

この改正土地法の論点として、大山は以下の3点を挙げている[3]。まず第1に、土地権利証書（title deed）と土地の保有権が大幅に強化され、99年間の土地リース権が認められた結果、事実上、土地の私有が許可されたとの認識から、土地売買が増えている。第2は、外国人による土地所有の制限が緩和され、ザンビア在住の外国人、あるいは大統領の認可を受けた外国人は土地権利証書を取得し、土地リース権の所有が可能になった。第3は、法律上は、指定地と信託地は慣習地にまとめられ、慣習地における土地リース権の取得が認められた。

他者によって土地の利用権が奪われるようなことや、利用権の相続をめぐるもめ事が農村では絶えない。土地利用権が不安定であれば、土地への投資や改良も起こらないというのが、近代的土地制度推進者の基本的な考えである。政府による経済の自由化・市場経済化の推進と、土地市場の創出や個人の私的な権利強化とは論理的に一致する、

というのがその理由である。実際、土地法改正後、土地権利証書の発行件数が大幅に増加するようになった⁽⁴⁾。

土地権利証書の取得には次の2つの条件が最低必要である。1つは先述のように、伝統的権威を有する人々からの同意である。ただし、1995年土地法の第8条第2項には、伝統的権威として村長は明記されていない。首長は広範囲の領域を支配しており、村長はその支配下にある。したがって、一般論としては、村長の同意がなければ、土地権利証書は取得できないであろう。2つ目の条件は、測量地図の提出である。通常の村人の所得水準からすれば、測量は相当の費用を要するので、資金力のある農民でなければ、土地権利証書の取得は困難であろう。概略図でも登記申請はできるが、その場合は14年間の借地権に限定される⁽⁵⁾。

3．農業政策の転換

カウンダ政権時代、政府は主食作物のトウモロコシと化学肥料の全国均一価格、一括買上や輸送費補助などの制度によってトウモロコシの増産と輸入削減、そして外貨節約を図った。石油危機以後のザンビアは銅価格の下落により経済が悪化した。政府は銅資源偏重経済から脱却し、景気回復を図るために農業開発に積極的に取り組んだものの、財政赤字と貿易赤字が経済をさらに悪化させた。行政・商業都市や鉱山都市の消費地からかなり離れた遠隔地でもトウモロコシ生産が拡大、ザンビアの農業はさらにトウモロコシ作に偏重するようになった。

だが、1994年からトウモロコシと化学肥料の流通自由化が本格的に実施された。その後、為替自由化の影響も加わり、化学肥料価格はトウモロコシ価格と比べて相対的に上昇した。化学肥料価格は基本的には市場価格となり、需要が高まるのは雨季（10～3月頃）、そして播

種が始まる数週間前頃から値上がりする。乾季（4～9月頃）の間、とくに8月頃までは化学肥料価格は下落する傾向がみられる。トウモロコシ価格は逆に、収穫直後から9月頃までは低下する傾向にある。

そこで価格の高い端境期にトウモロコシを販売し、乾季の半ば頃までに化学肥料を購入すれば、農民は経済合理的な生産者行動を採用できるはずだ。しかし実際は、資金力の乏しい農民の多くは価格の低い時期にトウモロコシを販売し、価格が高くなってから化学肥料を購入することになる。トウモロコシ作、そして化学肥料による施肥に偏重したことも問題であった。1990年代末になると、種子と化学肥料の融資制度が農民組合を通じて利用できるようになった。

4．C村の成り立ちと農業

中央州C村は1970年前後に開村され、周辺の村々もほぼ同様の歴史をもつ。比較的歴史の新しい村なのでザンビア全体のモデルとは言えないが、長期的な視点でみると、この村は一つの有効なモデルになり得るであろう。住民の多くは先住民族のレンジェではなく、「よそ者」が約4分の3を占めていた。教育水準の高い農民が多く住んでおり、新しい作物や技術を積極的に導入しようとする進取の気質に富んでいた。そのため、富を分かち合うという「平準化機構」があまり作用しないと考えられる。

首都ルサカから幹線道路を約90km北上した地点にC村がある。この道路をさらに約200km北上すると、鉱山都市がある。これらの都市から村に商人がトマトなどを直接買い付けにやって来る。一部農民は大消費地のルサカに農産物を直接出荷することもある。つまり、この地域は比較的恵まれた立地条件にあり、市場経済の発達には不可欠な市場情報が入手できる。自然条件としては、普通畑は砂質土壌である

ために土壌の栄養分は乏しいが、地表水や地下水が周年利用できる土地、ダンボ（dambo）が利用され、乾季には灌漑水を汲み上げてトマトやスイカなどが栽培されている。

　ザンビア全土にほぼ該当するが、先述のように、季節は雨季と乾季とに明瞭に分かれ、乾季に雨はほとんど降らない。したがって、このダンボ資源をもつ農民、あるいはそれが利用可能な農民は周年栽培が可能になる。ただし、この資源は稀少であり、ダンボの土地利用権を有する農民は村全体の2～3割の世帯に限られる。村の低湿地は雨季に冠水することが多く、作物栽培はほとんどできない。ダンボでの作物栽培技術は、隣国ジンバブエからローデシア・ニヤサランド連邦時代（1953-63年）に移り住んだ人々が直接実施し、それが村の人々に伝わっていったと考えられる。

　C村の正確な土地面積は不明だが、およそ5～6km四方の広さである。1990年代には隣村との境界が確定せず、境界をめぐる争いが頻発していた。1992年8月調査時に83世帯、582人の居住を確認しているが、村の人口はその後、2000年頃には100世帯以上、約800人に増えた。さらに、2010年に144世帯、1,770人に増えていた。この村は多部族社会で、レンジェ以外のザンビア人、あるいはジンバブエやタンザニアの外国人出身者やその子孫が多く住んでいる。しかし現在では世代交代が進み、異部族間の結婚が多くみられるようになっている。

　天水畑で栽培するトウモロコシはこの村の主食作物であり、同時に余剰があれば販売する換金作物でもある。自由化以前は補助金で化学肥料が相対的に安価に手に入ったので、広い農地を利用できる農民はトウモロコシ生産に重点を置いていた。乾季にダンボが利用できる農民はトマトやスイカなどを栽培して販売し、その所得で化学肥料を購入して雨季のトウモロコシ栽培に施肥していた。ある農民は、「化学

肥料があれば4～5年は同じ圃場でトウモロコシを連作できるが、なければせいぜい2年しか連作できない。」と語ってくれた。いかにして化学肥料を確保するかが、この村では重大事であった。

III. 経済自由化後の農業変化

1. 大規模灌漑農業の増加

　2008年頃の世界的な食料価格や原油価格の高騰の影響で「ランドラッシュ」や「土地収奪」がマスコミなどで大きく取り上げられるようになった。国際土地連合（International Land Coalition）によれば、2000年から2011年11月の間、世界で「報告された土地取引」は2億340万haで、うちアフリカは1億3,450万ha、全体の57.5％を占めている[6]。アフリカには将来農地として利用可能な土地が豊富にあるとみられている。ザンビアは土地に加え、水資源が豊富にあるとのことで、ザンビア政府や国際機関などは国内外から投資を呼び込み、灌漑農業開発を積極的に推進している[7]。ザンビアの総陸地面積4,600万haの56％が耕地に適し、うち275万haは灌漑可能だが、2004年の灌漑面積は15万6,000haであった。経済的に可能な灌漑面積は40万haから67万haとみられる[8]。

　在京ザンビア共和国大使館はウェブサイトに「ザンビア農業への投資機会」などの文書を掲載し、国内外に投資を呼びかけている[9]。これがザンビアの市場経済や開放経済への移行を象徴している。政府は「ナンサンガ・ファーム・ブロック（Nansanga Farm Block）でコアベンチャー（Core Venture）として総面積11,921haの土地を開発するためにジョイントベンチャーパートナーを募集」と呼びかけている。食料安全保障と農村貧困を解消するためにルサカから450kmに位

置する土地10万haでダムや道路、電気などのインフラを開発し、コアベンチャー9,350haに加え、大・中・小規模の農場360の創設が計画されている。大農場には面積は表示していないが、伝統的首長所有の農場が含まれている。これは農業団地の造成であり、同規模のものが全国7か所、他に45,000ha、5,000ha各1か所予定されている。

1990年代後半、首都ルサカ近郊で花卉園芸や野菜を栽培する大規模灌漑農業が数多くみられ、切り花やカット野菜などの多くがEU諸国などへ空輸で輸出されるようになった。2000年代に入ると、ムワナワサ大統領は「ニューディール政策」を唱え、農業・農村開発を強調するようになった。銅の国際価格高騰による影響が大きいが、2001-10年間のGDP平均成長率は5.6％であった[10]。2007年から始まった国家開発計画では灌漑農業開発が推進され、灌漑設備や機械の輸入品に対する関税や付加価値税（Value Added Tax：VAT）に優遇措置が講じられた。ザンビアは174万m^3以上の地下水と42万ha以上の灌漑可能地という、豊富な資源を有しているとのことで、約1億1,300万米ドルの予算を公約した。

2000年代に入り、かつての白人入植地帯、現在の国有地ではセンターピボット方式の大規模農場が増え始め、2008年9月グーグルアース上では220以上の円形状の圃場が確認できた。2009-2010年に一部の大規模灌漑農場を視察して栽培作物を調べたが、乾季に小麦、コーヒー、トウモロコシ（種子用）、そして雨季に大豆、トウモロコシ、野菜などが栽培されていた。大規模灌漑農場での灌漑用水は地下水ではなく、小規模ダムを造成して雨季に雨水を貯めて利用していると考えられる。FAOによれば、平均規模面積50haのセンターピボット方式の灌漑設備にはha当たり2,500～3,000米ドルの費用が掛かる[11]。

地方の農村部ではアフリカ人農民を対象とした小規模灌漑農業開発

に加え、慣習地でも大規模開発が進められている。一党制の時代には、伝統的首長たちは中央政府によってその権力が強く抑えられてきたザンビアであったが、1995年の土地法では伝統的首長の行政や司法の権限が強化された。その結果、伝統的首長が領内の土地を、外国人を含む外部者に土地を割り当てる権限を持つようになったのである。一例を挙げれば、北部州の2つの首長領では2005年頃、2人の首長がアブラヤシ・プランテーション事業を計画したA社に各々1万2,500ha、計2万5,000haの土地を割り当てようとした。しかしこの計画は中止となったが、その後、首長を含む関係者が不慮の死を遂げている。村人たちは、この不慮の死は「企業に大規模な土地を分け与えようとした権力の乱用が原因」だと理解している[12]。

2．C村の灌漑農業

1995年にC村長に就任した三代目のA氏（在任期間1995-2008年）は就任後、土地の囲い込みや割り替えを始めた。村長自身は、就任以前には十分な土地を確保していなかったようである。先代の村長が積極的に多くの人々を村に受け入れたこともあり、さらに人口増加によって村内では土地の確保は困難になっていた。C村では1990年代後半、土地権利証書を取得しようとする動きが表面化した。この動きは以前からあったが、1995年の土地法改正によっていっそう現実化したと考えられる。とくに非レンジェ系の「よそ者」が土地権利証書を取得しようとした。この動きに対して、三代目村長は「この村では土地権利証書の取得は絶対に認めない。」と語ってくれた。

2001年頃からはNGOの支援を受けた農民22人が足踏み式ポンプを導入し、集約的農業が進んだ。従来はほとんど見られなかった乾季のトウモロコシ栽培、新品種の野菜の栽培を試みる農民が現れた。この

ポンプは当時の為替レートで百数十米ドルであったが、NGOの融資を利用すれば頭金20米ドル程度で手に入れることができた。バケツによる手灌漑は重労働であったが、このポンプは女性や子供でも操作ができた。

　その後2000年代半ば頃から小型エンジンポンプが導入され、2010年末には18人、村の約1割の世帯が利用するようになった。このポンプは400〜500米ドルで購入でき、全員が自己資金で手に入れた。エンジンポンプを所有する農民の多くは村の東側に住んでおり、乾季でも地表水や地下水が利用できる地域である。この一帯は一部を除けば、かつては藪地であまり利用されていなかったが、多くが農地に変わっている。エンジンポンプ所有の8割は非レンジェ系の人々であった。

　エンジンポンプ所有者のみを対象に、農業変化をみてみよう。基幹作物である雨季トウモロコシ栽培では、種子と化学肥料の利用に大きな変化が見られた。種子の種類が豊富になったこともあるが、かつては全くなかった種子や肥料の販売店が数軒、近くの幹線道路沿いで営業している。近距離で種子を購入できることで、毎シーズン種子更新するようになったのである。かつてトウモロコシへの化学肥料の施肥は基肥と追肥を区別せず、苗が膝の高さ、30cm位に成長した時点で施肥する農民がほとんどであった。施肥後の大量の雨で肥料が流され、施肥の効果があまり期待できなくなるからである。それが基肥と追肥を区別して施肥する農民が増えた。少数だが、除草剤を散布する農民も現れた。

　エンジンポンプの導入は、小さな「緑の革命」を引き起こしているといえる。それは、乾季でのトウモロコシ栽培、すなわち二期作である。かつて一部農民はバケツや足踏みポンプによる灌漑でその栽培を試みるものもいたが、家畜による食害、低温障害や病気の発生などで

収穫はほとんど期待できなかった。何度かの試行錯誤がよい結果を生み出しているともいえよう。雨季よりも乾季には栽培上のリスクはあるが、灌漑によるトウモロコシの二期作が増えた。

以上考察したように、市場経済の発達は村の農民たち、とくにエンジンポンプという資本を利用できる人々に、従来よりも高い所得と食料安全保障をもたらすようになった。だが、それは一方で、いくつかの問題が懸念される。1つは、村内での所得格差の発生である。ダンボ資源の利用は一部の農民に限られるからである。さらに、ポンプによる大量の灌漑水の利用は一部地域の地下水位の低下をもたらしかねない。もう1つは、燃料用ガソリン、農薬、化学肥料などのコスト負担が重くのしかかることである。また、村の人々は地下水を飲料用としており、大量に化学薬品を用いると健康被害が発生しかねない。

Ⅳ．おわりに

1990年代後半からザンビア農業は大きく変貌している。経済政策や土地政策を変更したことで、外国投資を積極的に受け入れ、大規模農場や小規模農場でも灌漑農業の発達がみられるようになった。1990年代初頭と比較すれば、市場に商品が豊富に出回り、携帯電話やソーラーパネルなどの近代的なものを多くの人々が手にするようになった。外資導入の影響は大きいが、消費財や生産財の増加が生産意欲を高め、灌漑農業を含む農業開発が国全体で進んでいる。インフラが整備され、各地で小規模ダムも散見されるようになった。食料の増産に加え、作物の種類や品種の数も豊富になっているので、食料安全保障は高まっている。だが、貧困削減には相当の時間を要するであろうし、当面、政策面で配慮すべき点がいくつかある。

農地造成のために土地から追い出される人々も現れているようである。首長が領地の一部の土地利用権を売り渡し、外部者が移住しているという情報が増えている。慣習地の農村で生活する人々にとって、いわゆる「共有地」は燃料の薪や食料を採集する重要な場である。これらは経済的価値として市場で評価されないものもある。また大規模農業と小規模農業間での栽培作物の競合を避ける必要があろう。例えば、トウモロコシの生産が大規模農場で拡大すれば、国内の市場規模が小さいので価格低下は免れないであろう。

　アフリカは「一次産品が牽引した経済成長期は終わり、成長が減速」している[13]。中国やブラジルなどの新興国経済の減速が影響しているのだ。ザンビアは銅が輸出額の約6割を占めるモノカルチャー経済である。2015年後半、ザンビア通貨クワッチャが45％、銅価格もトン当たり6,500ドルから5,000ドルへ20％下落した。さらに、雨不足により主食作物のトウモロコシは22％減産すると予想されている。BBCのニュース報道によれば、2015年10月18日、ルング大統領はこの日を「不況脱却のため全国民が祈る日」と定め、約5,000人の国民を前に神に祈りを捧げたという。

注
（1）15～64歳の生産年齢人口が、それ以外の従属人口（0～14歳、65歳以上の人口）の2倍以上ある状態をいう。
（2）ここでは大山（2015a）、児玉谷（1999）等を参考。
（3）大山（2015a）、pp.83-84。
（4）Kajoba 2001によれば、慣習地での土地権利証書の発行件数は1985年11月1日～1991年10月31日の期間1,399件から1991年11月1日～1997年11月3日の期間6,157件に4.4倍に増えた。
（5）児玉谷（1999）、p.165。

（6）Anseeuw et al.（2012）、佐川徹（2015）。
（7）詳しくは、鍋屋（2012.12）。
（8）Chu（2013）、p.210。
（9）http://www.zambia.or.jp/index-j.html（アクセス日：2015年12月25日）
（10）Chipimo（2014）、pp.133-134。
（11）FAO（2014）、p.17。
（12）大山（2015b）、pp.258-259。
（13）http://www.worldbank.org/ja/news/press-release/2015/04/13/africa-end-of-the-commoditc-super-cycle-weighs-on-growth（アクセス日：2015年12月25日）

参考文献
（邦語）
大山修一（2015a）「ザンビアの領土形成と土地政策の変遷」武内進一『アフリカ土地政策史』アジア経済研究所、pp.63-88、275p。
大山修一（2015b）「慣習地の庇護者か、権力の乱用者か」アジア・アフリカ地域研究14-2、pp.244-267。
児玉谷史朗（1999）「ザンビアの慣習法地域における土地制度と土地問題」池野旬編『アフリカ農村像の再検討』アジア経済研究所、pp.117-170、254p。
佐川徹（2015）「現代アフリカにおける土地をめぐる紛争と伝統的権威」アジア・アフリカ地域研究14-2、pp.169-181。
島田周平（2007）『現代アフリカ農村』古今書院、182p。
高橋基樹（2014）「独立後の政治経済体制」『現代アフリカ経済論』ミネルヴァ書房、pp.93-110、395p。
武内進一（2015）「アフリカにおける土地と国家」武内進一『アフリカ土地政策史』アジア経済研究所、pp.3-29、275p。
鍋屋史朗（2012.12）「ザンビアにおける食料安全保障と農業投資状況」ARDEC47。
半澤和夫（2002）「グローバル化とアフリカのある村」草野孝久『村落開発と国際協力』古今書院、pp.39-56、184p。
半澤和夫（2010）「ダンボ資源の利用と農業変化」沙漠研究19-4、pp579-583。

第 9 章　グローバル化の中のアフリカ農業

(英語)
Anseeuw, Ward, Liz Alden Wily, Lorenzo Cotula, and Michael Taylor (2012)『Land Rights and the Rush for Land』International Land Coalition, 72p.
Chipimo, Francis., Financial Markets and Resource Mobilization in Zambia, Christopher, S. Adam, P. Collier, and M. Gondwe (2014)『Zambia』Oxford University Press, 457p.
Chu, Jessica M., A blue revolution for Zambia?, Allan, T., M. Keulertz, S. Sojamo, and J. Warner (2013)『Handbook of Land and Water Grabs in Africa』Routledge, 512p.
FAO (2014)『Zambia: Irrigation Market Brief』52p.
Hanzawa, Kazuo (2015) , Agricultural Change and Unstable Production over a 20-year Period in a Central Zambian Village, Quarterly Journal of Geography 66-4, 255-268.
Kajoba, Gear M. (2001) , A Review of Literature on Land Use and Land Tenure in Zambia for the Land Use Patterns and Rural Poverty in Zambia Study, A Final Report to the Food Security Research Project.

第10章
八重山地域における伝統的食文化の実態と継承性

菊地　香

Ⅰ．はじめに

　経済発展の影に地域独自の文化が衰退をともなうことがある。経済振興を押し進めるが故に、他所から人の流入により地域の人間関係が希薄となり、その結果として地域独自の行事が廃れて、それに付随した伝統的な食が併せて廃れてしまう。その結果、地域特有の食事はなくなり、どこでもあるような内容の食事となる。地域性のない食事となり、一見豊かそうに見えて実は貧相な食事になっていないであろうか。つまり開発とそれによる地域独自の文化の継承、それを食事の面から検討しようとするのが本章の目的である。

　食事は地域ごとに培われてきた文化が凝縮している。とくに行事に現れる食事は、地域の伝統に根ざしたものである。一方で家庭の集合体としての地域が行事を維持することで、伝統的な食が廃れることなく綿々と続くものと考えられる。したがって、多様な地域の食文化を育むためには、この家庭での食事が大切である。

　しかし、今や食の簡便化による外食や中食が家庭で占める割合が増えている。外食や中食の普及により家庭内では調理することがなくなり、画一的な食事になりつつある。女性の社会進出と生活様式の西洋化が進展した結果、家庭での調理を担う者がいなくなり、多様で地域性のある行事食が消えつつある。とくに沖縄県は独自の年中行事が多

く、それに対応した食事が連動している。そして沖縄県の行事食は非常に特徴的であり、かつ他の46都道府県に比べて食材や調理方法において地域性が強く出ている。地域性が強く出ている沖縄の食事は、経済振興によって今後に継承可能となるか問題である。

食事は人間の健康に関係する。沖縄県は2005年に平均寿命が男子78.64歳（女子85.75歳）であった。その後、沖縄県以外の都道府県の平均寿命が伸びる一方で、沖縄県の平均寿命が伸びなかった。この結果、沖縄県は長らく日本一位であった日本長寿県の座を明け渡すこととなった。この原因は様々な要因がある。その一つに食の簡便化があげられる。それまでの沖縄県においても食の簡便化は進み、家庭内で調理される食事から、調理済みの冷凍食品や総菜に依存している可能性をもっている。とくに沖縄県は月当たり賃金が他の46都道府県に比べ低く、夫婦共働きとなっている世帯が多い[1]。夫婦共働きであることから家庭での調理時間や食事時間を短縮させることにより、食の簡便化が進展しているといえる。また夫婦共働きと核家族化が進んだことで、行事での提供される食事に関しても簡略化されてきている。

本章では、アンケート結果を踏まえて、現在の年中行事および通過儀礼での食事と伝統的な食事における喫食のあり方を検討する。そして、八重山地域における食習慣の現状と継承の可能性を明らかにしようとするものである。

II．アンケート結果からみた伝統的な食事の喫食機会

1．沖縄県の食環境に関する主要な文献

沖縄県での食文化に関した既往研究を整理すると、尚弘子は沖縄の食文化の根源は「薬食同源」にあるとしている。野国総官が1605年に

琉球（沖縄）へ甘藷を入れたことで、「いも豚文化」が沖縄県において昭和初期まで培われてきた。しかし、1945年以降、甘藷が廃れ、現在では豚だけの偏った食文化となっている[2]。一方、沖縄食文化推進協議会によれば、沖縄県の食生活は今や「沖縄県の肥満率は男女とも日本ワースト1位である。沖縄県の健康長寿の食文化は大きく変わりつつある」ととらえている。そして、「沖縄県特有の戦後の米国統治による食文化と、ファストフードの蔓延、車社会によってかつての伝統食文化は存亡の危機に瀕している」とみている。健康で長寿に結びつく食文化が危機にあり、その立て直しが求められている[3]。つまり、沖縄県の独特な食事が本土復帰以降、急激に変化して沖縄県独自の食事から他の46都道府県と同様の食事となった。もはや沖縄県独特の食事は、廃れつつあるという状況である。

　食環境が変化しているなか、住民の意識はどのように変化しているのであろうか。白井（2012）によれば、沖縄県の特徴的なところは年中行事を地理軸での地域のつながりとしての横軸、過去からのつながりを大切にする縦軸が沖縄県の地域的なつながりの強さと特徴付けられていることである。伝統的な食文化は、高齢者を中心に維持されていることで沖縄県はまだこれらの点で、他の46都道府県とは異なった地域性を持っているということを指摘している。そして、川添・安藤（2012）によると沖縄県民は地域への愛着を持っているが、今や地域の行事および祭に対して参加の度合いが意外なことに低い。沖縄県でも都市化が進み、住民同士の関係が希薄化していることをあげている。このことが通過儀礼や、主要な年中行事における食事や伝統的な食事のあり方が変化していくと考えられる。

　一方で、ここ最近の食環境について金城（2005）によれば、戦後の沖縄はアメリカ統治により食生活は影響を受けて今の食生活につな

がっている。つまり、食生活全般の簡便はアメリカの食生活の影響を受けて今に至っている。また、食環境について等々力（2014）は、戦後の食環境の変遷をアメリカ統治と日本復帰の段階を経て、今に至っていると整理している。1945年以前における沖縄の伝統的食形態から、アメリカ統治下で脂質摂取の増加による肥満や高脂血症の増加、日本復帰後は食塩の摂取の増加で2つの食文化のマイナス面を2重に受けたと指摘している。今や、沖縄県の食環境は沖縄独特なものが薄れてきている可能性があり、地域性のある食事が沖縄本島のみならず離島においても独自性が失われている可能性がある。本章では地域性並びに独自性をもつと考えられる食事の実態について、アンケートの結果から検討する。

2．調査方法および結果の概要

調査は、2014年9月3・4日に石垣市の離島ターミナルにおいて、実施した。主なアンケート項目は、家庭での調理、外食の喫食状況、通過儀礼における食事の提供、年中行事における食事提供、伝統的な食事の家庭での提供、属性である。アンケート結果の概要は表1を示す。回答者は属性別にみて偏りが少ない。

ここで石垣市における飲食店の立地数を表2に示す。工業統計からすると飲食店の立地は2013年で647事業所であり、人口当たりの店舗数からすると0.01店となる。石垣市民は食堂で外食という機会が非常に限定されている。日常的な食事のあり方を表3に整理した。石垣市に立地しているファストフードは、大手のハンバーガーショップ2軒、ドーナッツショップ1軒であって、回答者では利用がほとんどされていない。外食の利用について食堂の利用頻度からみると、「利用しない」はどの属性でも50％以上となる。回答者の外食の利用頻度は低いこと

表1 八重山地域の伝統食文化に関した回答者の属性

		実数（人）	割合（％）
性別	男	13	39.4
	女	17	51.5
	無回答	3	9.1
年齢別	50歳以下	14	42.4
	51歳以上	17	51.5
	無回答	2	6.1
世帯員数別	3人以下	18	54.5
	4人以上	12	36.4
	無回答	3	9.1
就業別	就業者	6	18.2
	非就業者	20	60.6
	その他	5	15.2
	無回答	2	6.1
居住地	竹富町と与那国町	10	30.3
	石垣市	18	54.5
	沖縄本島	3	9.1
	無回答	2	6.1
世帯主の月収	19万円未満	16	48.5
	20万円以上	15	45.5
	無回答	2	6.1

資料：アンケート結果より作成。

表2 石垣市における宿泊業、飲食サービスの事業所数

（単位：ヵ所）

	事業所数			人口当たりの店舗数
宿泊業、飲食サービス業		民営	公営	
	647	646	1	0.01

資料：平成21年度経済センサス基礎調査。

がわかった。

3．グループ別に見た伝統的な食事の喫食

　表1にあるようにアンケートへの回答数は33人であった。しかし、未記入の回答があったのでそれを除くと31人となった。本節はこの31人を分析の対象とした。アンケートの回答結果をグループにわけ、グループでの行事食や伝統的な食事に対した意識を検討したい。分析方法は、表3に示したような特徴をもつ回答者を表4に示した指標を基に主成分分析を行った。その結果は、表5に示すとおりである。

表3 日常における外食の喫食頻度

			ファストフードの利用		食堂の利用頻度	
			週2回以上	利用しない	週2回以上	利用しない
性	男子	度数	3	10	4	9
		割合	23.1	76.9	30.8	69.2
	女子	度数	3	14	6	10
		割合	17.6	82.4	35.3	58.8
年齢	50歳以下	度数	3	11	6	8
		割合	21.4	78.6	42.9	57.1
	51歳以上	度数	4	13	4	12
		割合	23.5	76.5	23.5	70.6
世帯員数	3人以下	度数	3	15	4	13
		割合	16.7	83.3	22.2	72.2
	4人以上	度数	4	8	6	6
		割合	33.3	66.7	50.0	50.0
親と同居	同居している	度数	2	6	3	4
		割合	25.0	75.0	37.5	50.0
	同居していない	度数	5	18	7	16
		割合	21.7	78.3	30.4	69.6
居住地	竹富町と与那国町	度数	2	8	4	6
		割合	20.0	80.0	40.0	60.0
	石垣市	度数	4	14	6	11
		割合	22.2	77.8	33.3	61.1
	沖縄本島	度数	1	2	0	3
		割合	33.3	66.7	0.0	100.0
所得	19万円以下	度数	2	14	7	9
		割合	12.5	87.5	43.8	56.3
	20万円以上	度数	5	10	3	11
		割合	33.3	66.7	20.0	73.3

資料:アンケート結果より作成。

表4 主成分分析の指標

性(女性)	月収
年齢	家庭調理
世帯員	行事参加
親と同居	インスタント食品喫食
居住地(竹富町と与那国町)	食堂利用
居住地(石垣市)	スーパー総菜

資料:調査結果より作成。

表中より第1～4主成分までで累積寄与率が65.6である。第1主成分は、家庭調理に主成分負荷量が0.83であることから「家庭での調理」に関した主成分である。第2主成分は、居住地(竹富町と与那国町)と世帯員に主成分負荷量が0.74であることから「回答者の居住地」に

表5　主成分負荷量

	主成分1	主成分2	主成分3	主成分4
性（女性）	0.24	−0.48	−0.29	0.64
年齢	0.60	−0.31	0.44	0.16
世帯員	−0.30	0.69	−0.30	0.20
同居している	−0.27	0.14	−0.64	0.25
竹富町と与那国町	0.54	0.74	0.07	−0.03
石垣市	−0.69	−0.59	0.02	0.05
月収	0.54	0.15	−0.38	0.03
家庭調理	0.83	−0.04	0.17	0.10
行事参加	−0.22	0.14	−0.13	−0.34
インスタント食品喫食	−0.38	0.40	0.59	−0.06
食堂利用	−0.24	0.37	0.06	0.70
スーパー総菜	−0.28	0.12	0.71	0.39
固有値	2.66	2.08	1.82	1.32
寄与率	22.18	17.29	15.17	10.97

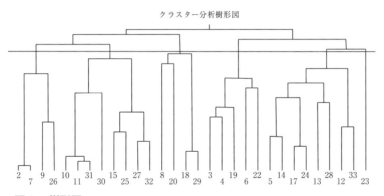

図1　樹形図

関した主成分である。第3主成分はスーパーの総菜に主成分負荷量が0.71であることから「家庭での食事の外部依存度」に関した主成分である。第4主成分は食堂利用に主成分負荷量が0.70であることから「外食依存度」に関した主成分である。

　第4主成分までの主成分得点値を入力指標としてクラスター分析を行った。図1にそのクラスターを示し、これをもとに回答者のグループを区分すると以下の通りである[4]。

①家庭調理老齢核家族は自宅での食事は家庭調理を基本にしている。また該当する回答者は最年少57歳、最年長71歳と年齢が高く、同居している世帯員は夫婦を基本としている。また、親との同居はほとんどみられず、核家族となっている。

②家庭調理壮年石垣在住核家族は自宅での食事を基本的に家庭調理としている。家庭調理老齢核家族は、竹富町と与那国町に居住する回答者が多いが、このグループは石垣市に居住するもののみで構成されている。そして、世帯員は夫婦とその子弟を中心にした核家族である。

③完全家庭調理壮年離島核家族は、世帯員は平均4.2人と多く、親との同居はほぼない。居住しているところは竹富町か与那国町であり、外食や総菜購入の機会が少ないことで完全家庭調理となっている。

④加工食品依存壮年核家族はスーパーでの総菜購入が多く、またインスタント食品を喫食する機会も多い。他のグループとは異なる食事形態となっている。回答者は石垣市に居住する者のみであり、近隣のスーパーでの総菜を購入する機会があり、またスーパーにてインスタント食品を購入しやすい状況にある回答者である。

⑤若年層親同居外食依存家族は家族と同居しているので、世帯員は平均5名と多い。食事は食堂利用が多く、家庭調理は少ない。居住地は石垣市が多くなっている。他の4つのグループとは異なる傾向がみられる。

伝統的な食事のあり方にグループで特徴が出ている。なお、6番目以降のグループは該当者が1名なので除外する。以上、回答者は、5つのグループに区分できることが推測される。

Ⅲ．伝統的な食事の提供の実情

　本節はグループ別に整理した上で通過儀礼、年中行事といったなかで、伝統的な食事に関した食事提供について考察を進める。なお、アンケート結果については、流動性が高いことと数値間において偏りが大きいことから、グループ間での意識の相違について検討する。以下では、グループ別に表6から表8までをもとにして考察する。また、

表6　通過儀礼における食事提供

(単位：点)

		誕生祝	生年祝	還暦などの祝
家庭調理老齢核家族	平均	3.3	3.3	3.5
	標準偏差	3.64	3.07	2.29
家庭調理壮年石垣在住核家族	平均	2.9	3.0	2.8
	標準偏差	0.98	1.14	0.50
完全家庭調理壮年離島核家族	平均	4.6	4.6	3.6
	標準偏差	0.80	0.80	1.80
加工食品依存壮年核家族	平均	2.5	3.3	3.8
	標準偏差	0.33	1.58	0.92
若年層親同居外食依存家族	平均	3.3	3.8	4.0
	標準偏差	0.25	1.58	0.67

注：「昔と変わらない」を5点、「概ね提供」を4点、「一部省略」を3点、「完全省略」を2点、「回答なし」を1点とした。
資料：アンケートより作成。

表7　年中行事における食事提供

(単位：点)

		正月	十六日祭	清明祭	節句	豊年祭	旧盆	しつ祭	種子取祭
家庭調理老齢核家族	平均	4.0	2.9	2.8	2.6	3.5	3.8	2.8	1.8
	標準偏差	1.43	2.13	1.07	1.98	2.29	2.50	2.79	1.07
家庭調理壮年石垣在住核家族	平均	3.1	3.9	2.8	2.4	2.0	3.4	1.8	1.8
	標準偏差	1.27	0.98	2.21	0.55	0.86	1.70	0.21	0.21
完全家庭調理壮年離島核家族	平均	3.6	3.4	2	2.8	4	3.2	2.6	3.2
	標準偏差	1.80	2.30	0.50	1.70	2.00	2.70	1.80	2.70
加工食品依存壮年核家族	平均	4.5	3.3	3.0	2.8	2.5	4.5	2.3	2.3
	標準偏差	0.33	2.92	0.67	0.92	0.33	1.00	0.25	0.25
若年層親同居外食依存家族	平均	4.0	4.0	1.5	2.8	3.0	4.0	2.3	2.3
	標準偏差	1.33	4.00	0.33	0.92	3.33	0.67	3.58	3.58

注：「昔と変わらない」を5点、「概ね提供」を4点、「一部省略」を3点、「完全省略」を2点、「回答なし」を1点とした。
資料：アンケートより作成。

表 8　伝統食の喫食状況

(単位：点)

		くーに(小煮)	あーさぬする	あんだんみしゅ	血いりちー	うすぬする	おーぬすすぬびたしむぬ	パパイヤ漬物	米味噌
家庭調理老齢核家族	平均	1.0	4.1	3.3	3.4	3.6	4.5	3.5	3.9
	標準偏差	1.14	0.98	2.79	0.84	1.13	0.29	2.57	1.84
家庭調理壮年石垣在住核家族	平均	1.3	4.5	3.8	2.9	3.6	4.1	3.3	3.9
	標準偏差	1.36	0.57	0.50	0.70	0.27	0.70	1.93	0.70
完全家庭調理壮年離島核家族	平均	1.4	4.4	3.8	3.6	4.0	4.4	3.8	2.8
	標準偏差	2.3	0.3	1.7	1.8	1.5	0.3	1.7	2.2
加工食品依存壮年核家族	平均	2.0	4.5	3.3	3.3	3.8	4.5	3.5	3.0
	標準偏差	1.3	1.0	0.3	0.3	0.9	1.0	1.0	0.0
若年層親同居外食依存家族	平均	1.3	4.5	3.8	3.3	4.0	4.0	3.5	2.8
	標準偏差	3.6	0.3	0.9	2.3	0.0	0.7	1.7	1.6

注：「よく食べる」を5点、「たまに食べる」を4点、「ほとんど提供しない」を3点、「食べたことがない」を2点、「そのものを理解できない」を1点、「無回答」を0点とした。
資料：アンケートより作成。

八重山地域における特徴的な行事および伝統的な食事の内容は表9にまとめた通りである。八重山地域では沖縄県のなかでも特徴的な行事や伝統的な食事がある。日常的な生活のなかで地域独自の食事も提供されてきたが、食の簡便化にともなって伝統的な食事が喫食されているか問題となっている。

1．家庭調理老齢核家族

　家庭での調理が基本となっている老齢の核家族である家庭調理老齢核家族は、「正月」での食事提供が「概ね提供」となっている他は、「豊年祭」と「旧盆」で「一部省略」となっている。老齢であるから年中行事での食事が、確実に提供されるという構図は的確といえない。むしろ老齢だからこそ、子弟の集まらない行事において食事を省略しようとする傾向がある。意外であるのが「清明祭」に対する食事提供のあり方である。「清明祭」での食事提供が「完全省略」に向かっていることとなっている。これは老齢の核家族であることから、門中墓の

表9　通過儀礼、主要行事、伝統食の内容

通過儀礼	誕生祝			
	子供が誕生すると、産飯と称してごはんと田むじ汁（田芋のずいきの味噌汁）を祝い客にふるまう。			
主要年中行事	十六日祭		清明祭	
	新暦の1月16日は、先祖のあの世での正月と考えられている。墓前に、重箱に詰め合わせた料理をお供えする。		中国伝来の行事で、3月の清明の節に行われる。同姓の一族が集まって祖先の墓に焼香し、重箱料理一対、もち一対、歌詞、果物、酒などを墓前に供える。	
伝統食	くーに	あーさぬする	あんだんみしゅ	血いりちー
	野菜料理である。年取りの会席膳に並べる皿ものの一品である。	海草のアーサーを使用した汁物。	豚の脂を搾り取ったあとの脂粕や、塩漬けした豚肉を水たきにして米味噌に混ぜ合わせたもの。	屠畜した牛の血を大根、人参などと牛の臓物と一緒に炒め煮し、固まった血を手でもみ砕いて入れてさらに炒めて作る。

通過儀礼	生年祝			
	正月明けの生まれ年の日に生年祝がある。13歳、25歳、37歳、49歳、61歳、73歳、85歳、97歳の祝である。49歳までは家族の祝い、61歳以降は部落中で盛大に祝う。			
主要年中行事	豊年祭	旧盆	しつ祭	種子取祭
	豊年祭は収穫を願う祭である。豊年祭は村全体による大きな祭である。	7月13日の晩にご先祖さまをお迎えし、14日、15日と三日三晩、旧盆祭をする。	節の行事は農耕の忙しさも終わった頃に行われる。	つちのいぬの日に稲の種を播く行事を行い、猫、犬の毛のようにすくすく苗が育つようにと願いを込めて神仏に祈る。
伝統食	うすぬする	おーぬすすぬびたしむね	パパイヤ漬物	米味噌
	牛肉の汁物である。	皮付きの豚肉を水煮して、醤油と黒糖を入れて煮詰めたものである。	パパイヤの青果を米ぬかと塩でさっぱりとした味に漬けたもの。	米麹の味噌である。

資料：日本の食生活全集沖縄編集委員会（1998）：『聞き書　沖縄の食事』農山漁村文化協会、pp.256-316、327、357、358およびIshigaki［2］より作成。

前で大人数の食事を賄うことが核家族の家庭において人手が不足していることでできないということにある。

　通過儀礼における食事提供をみると、このグループは老齢の核家族であるがゆえに子弟の「誕生祝」を自宅でする機会がないことから「一部省略」である。このグループは高齢の核家族であり、「還暦などの祝」を受ける側である。「還暦などの祝」は自らが食事を提供する

というわけではないので、このグループでは「一部省略」となっている。

地域独自の伝統的な食事についてみると、「あーさぬする」と「おーぬすすぬびたしむぬ」[5]で4.0点以上の「たまに食べる」となっている。「あんだんみしゅ」「血いりちー」「うすぬする」「パパイヤ漬物」「米味噌」は、「ほとんど提供しない」となっている。「くーに」に至っては1.0点の「そのものを理解できない」となっている。高齢者であっても伝統的な食事を理解していないことから、これらの食事が次世代に継承されない可能性がある。

2．家庭調理壮年石垣在住核家族

壮年の核家族で調理が家庭においてされている家庭調理壮年核家族は、年中行事における食事提供を省略している傾向にある。「正月」「十六日祭」「旧盆」といった行事での食事提供は「一部省略」である。さらに、門中墓の前で一族揃って祖先を敬う行事である「清明祭」では「完全省略」となっている。家庭で調理するグループであるが、行事に対応した食事の提供を省略している傾向にある。核家族では、年中行事そのものを省略しようとする傾向にあり、このグループは壮年の回答者なので年中行事での食事が継承されていかない可能性をもっている。

このグループにおける通過儀礼での食事提供は、「誕生祝」と「還暦などの祝」においてそれぞれ2.9点と2.8点である。家庭のなかにこれらの行事に関わる者がいないことで、省略ということにつながっている。しかし、「生年祝」だけは3.0点であることから「一部省略」として、通過儀礼を完全に省略しようとする方向になっていない。

このグループにおける伝統的な食事の喫食機会は家庭調理老齢核家

族と同じ傾向にあって、「あーさぬする」「おーぬすすぬびたしむぬ」が4.0点以上の「たまに食べる」となっている。このグループは壮年であるがゆえに「血いりちー」や「くーに」といった、伝統的な食事の存在を知らず、このグループは喫食したことがないもしくは理解できていない。

3．完全家庭調理壮年離島核家族

　完全家庭調理壮年核家族は、離島居住の壮年の核家族で家庭において調理が完全にされている。しかし、年中行事における食事提供を完全省略している。なかには年中行事における食事提供そのものの意味を理解していない可能性がある。食事は完全に家庭で調理されていても、回答者の年齢が働き盛りの壮年であり、年長者である親の同居もない核家族で、行事での食事提供をするまでの家庭調理はできていない状況にある。

　通過儀礼についてみると、「誕生祝」と「生年祝」の儀礼で食事提供が4.0点以上の「概ね提供」となっている。家庭で完全に調理している回答者が壮年であることで、子供の「誕生祝」は実施して食事を「概ね提供」している。そして、このグループでは子供の「生年祝」も祝うので食事は「概ね提供」となっている。

　調理が家庭でされているこのグループは、他のグループに比べて伝統的な食事の喫食状況が4.0点以上となっているメニューが多い。しかし、「あんだんみしゅ」「血いりちー」といった調理に手の込んだ伝統的な食事ではそれぞれ3.8点と3.6点であり、家庭で「ほとんど提供しない」状況にある。

4. 加工食品依存壮年核家族

　日常の食生活を加工食品に依存している加工食品依存壮年核家族は、加工された食品に依存した食生活でありながら、「正月」の食事提供を「概ね提供」している。同様に「旧盆」での食事提供も「概ね提供」している。そして、このグループは「十六日祭」「清明祭」において「一部省略」している程度である。しかしこのグループは、「豊年祭」「しつ祭」「種子取祭」といった地域独自の行事に対して食事提供を簡略化している。

　このグループは、通過儀礼での食事提供を重要視していない。このグループは子弟の「誕生祝」での食事提供を「完全省略」している。

　食事の多くを外部に依存しているこのグループは、伝統的な食事の喫食機会が「あーさぬする」「おーぬすすぬびたしむぬ」をそれぞれ4.5点の「たまに食べる」にとしている。このグループは、簡便な食事に依存しながらも、この2つのメニューについて家庭での喫食機会が他のグループ同様にある。

5. 若年層親同居外食依存家族

　親と同居しているこのグループは、年中行事に対して同居している親と対応している。このグループは、「正月」「十六日祭」「旧盆」といった、主要な行事に対しての食事提供が「概ね提供」となっている。しかし、このグループは同居している親であっても「しつ祭」や「種子取祭」は「完全省略」となっている。このグループは地域独自の行事食の簡略化をしている状況にある。

　若年層が回答者であったことから、このグループはこれらの通過儀礼に対して意識が高くない。しかし、このグループの親世代の通過儀礼となる「還暦などの祝」での食事提供に対して4.0点の「概ね提供」

となっている。若年層だからといって還暦祝を簡略化することはない意外な結果であった。

　回答者が若年層であるこのグループは、伝統的な食事の喫食状況が完全家庭調理壮年離島核家族と同様の傾向にある。このグループは「あーさぬする」「うすぬする」「おーぬすすぬびたしむぬ」が4.0点以上であり、完全家庭調理壮年離島核家族以外のグループと比べて伝統的な食事を喫食する機会がある。若年層は伝統的な食事を自発的に喫食するというのではなく、同居する親が調理する。もしくは調理された伝統的な食材を購入により喫食する機会があるといえる。

Ⅳ．おわりに

　八重山地域における主要な年中行事と通過儀礼での食事の提供、伝統的な食事の喫食機会を検討した結果、次の３点に整理できる。

　第一に、通過儀礼での食事提供に対する意識が低い。回答者の多くは日常的な食事を家庭で調理している。しかし、通過儀礼での食事提供は「一部省略」が多い。「概ね提供」しているグループは、「完全家庭調理壮年離島核家族」と「若年層親同居外食依存家族」だけであった。「若年層親同居外食依存家族」が「還暦などの祝」での食事提供があるのは、親世代が提供しているのであり、回答者である若年層が食事提供をしているわけではない。地域内の人間関係が強く農村的な生活習慣が残っているとみられた八重山地域のような離島であっても、通過儀礼での食事提供を簡略しようとする傾向にある。

　第二に、年中行事と食事の関係が崩れつつある。八重山地域を含む沖縄県独自の主要な年中行事における食事提供に対する意識が低い。また八重山地域で独特な年中行事である「豊年祭」での食事提供が、

「完全家庭調理壮年離島家族」以外では簡略化されている。そして、全てのグループでは、農業に関わる年中行事における食事提供を省略している。八重山地域独自の農業関連の年中行事の簡略化は、現状からすれば行事を次世代に継承させることを困難なものとさせよう。また、「清明祭」は沖縄県で新暦の4月上旬に行う毎年恒例の行事である。「家庭調理老齢核家族」、「家庭調理壮年石垣在住核家族」、「完全家庭調理壮年離島核家族」のように家庭で調理するグループにおいて「清明祭」が完全省略されていながらも、「加工食品依存壮年核家族」は「清明祭」を一部省略するにとどまっている。加工食品を活用することで完全な省略となっていない。毎年恒例の「清明祭」であっても「加工食品依存壮年核家族」を除いて食事提供は簡略化され、家庭での調理は少なくなっている。

　第三に、スーパーなどで販売されている調理済みの伝統的な食事は、今後も家庭で喫食されていくことがわかった。しかし、加工調理のしにくい地域に根ざしている伝統的な食事は、あまり喫食されていない。八重山地域で昔からある伝統食である「くーに」については、そのものを理解できていない。「清明祭」が簡略化される傾向にあることから、本来なら年取りの会席膳に並べる「くーに」の存在を忘れてしまったということである。また、「あんだんみしゅ」や「血いりちー」といった地域に根ざしている伝統的な食事が、手間がかかるものなので家庭でほとんど提供されていない。これらの伝統的な食事が次世代に継承されにくい状況にある。

　沖縄県の八重山地域における行事での食事や伝統的な食事のあり方を検討した。もはや地域独自の年中行事と食事の関係は、簡略化されてきている。通過儀礼における食事は簡略化され、儀礼は行うが振る舞い料理は省略する傾向にある。そして、伝統的な食事の喫食機会が

家庭で少なくなってきている。家庭で調理されないものの加工調理された伝統的な食事がスーパーや地域の売店で手に入りやすい形態になっている。この要因の一つは、八重山地域の家庭で女性が、専業主婦として家事労働に従事できなくなっていると推察できる。女性が社会進出することにより、調理時間のかかる伝統的な食事は家庭の食卓にのぼらなくなっている可能性がある。また、別の観点からとらえると、等々力（2014）が指摘するように回答者の味覚が変わり、家庭での調理よりスーパーや売店で調理された総菜のような味の濃い、つまり塩分過多の食事を求める傾向から家庭での調理そのものが少なくなった可能性もある。現状の喫食機会からすると八重山地域では、通過儀礼と主要な年中行事が簡略化され、家庭で調理される機会が少なくなることで、伝統的な食事の存在が埋没して地域独自の食文化は廃れてしまう危険性がある。

注
（1）内閣府［1］2011年度の県民経済計算における県民1人当たり所得を見ると、沖縄県は2,018千円最下位、46位の高知県は2,199千円である。沖縄県は日本の中で低い水準にある。
（2）（公財）沖縄県畜産振興公社「うちなー美味（まーさん）肉紀行」ホームページ内での尚弘子インタビューより。http://www.ma-san-meet.jp/interview/sho.html（2014年9月14日アクセス）
（3）NPO法人食の風ホームページ内の沖縄食文化推進協議会より。http://www.shokunokaze.com/shokubun/（2014年10月1日アクセス）
（4）主成分分析をし、主成分得点値を入力指標としてクラスター分析をする方法に関した先行研究は、藍澤宏他（1998）がある。
（5）この2つはスーパーにおいて調理食品として販売されている。

参考文献
藍澤宏・鈴木直子・有泉龍之（1998）「過疎地域における中心集落との関係

からみた集落分布構造に関する研究」農村計画学会誌16（4）、pp.304-314。

川添雅由・安藤由美（2012）「沖縄都市における地域生活と社会参加」安藤由美・鈴木規之編著『沖縄の社会構造と意識―沖縄総合社会調査による分析―』九州大学出版会、pp.127-148。

金城須美子（2005）「異文化接触と食文化」山里勝己編著『戦後沖縄とアメリカ―異文化接触の総合的研究―（研究成果報告書）』科学研究費補助金基盤研究（A）、pp.197-248。

白井こころ（2012）「沖縄県民の社会参加活動と地域帰属意識」安藤由美・鈴木規之編著『沖縄の社会構造と意識―沖縄総合社会調査による分析―』九州大学出版会、pp.149-185。

等々力英美（2014）「戦後おきなわにおける食事・栄養と食環境の変遷」藤田陽子・渡久地健・かりまたしげひさ編著『島嶼地域の新たな展望―自然・文化・社会の融合体としての島々―』九州大学出版会、pp.171-187。

日本の食生活全集　沖縄編集委員会（1998）『聞き書　沖縄の食事』農山漁村文化協会、pp.256-316、p.327、p.357、p.358。

URL

［1］内閣府経済社会総合研究所　http://www.esri.cao.go.jp/jp/sna/data/data_list/kenmin/files/contents/pdf/gaiyou.pdf（2015年 5 月24日アクセス）

［2］Ishigaki　http://www.ishigaki-japan.com/jp/bunka/matsuri/hounensai（2014年12月3日アクセス）

第11章
女性農業者のキャリア形成をめざした農業労働の実態
―日本の概況と事例を中心に―

堤　美智

Ⅰ．はじめに

　日本における農業は、農林センサスによると、専業農家の減少、兼業農家の増加、就業人口の高齢化が著しく、後継者問題は恒常的な課題である。農業就業者人口に占める65歳以上の高齢者は6割を超えており、その過半を占めるのは女性農業者である。女性農業者は農業経営、食の安全・消費、地域活性化などの方向に関しても重要な位置にある。特に、女性たちは「いのち」を守る食の安全への関心が高い。地元で生産されるものを積極的に消費しようという「地産地消」など地元農業への注目が高まりつつあり、女性たちの関心も高い。従来の生産を主とする農業の形態から、生産、流通、販売まで自分たちで生産・販売管理するなど、食の安全・安心の高まりとも関連して「6次産業化」「農業の起業化」が発展してきた。様々な施策の推進により、女性農業者の農業経営や社会参画は進みつつあるが、依然として十分とはいえない状況にある。農山漁村では未だなお男性優位社会といわれ、伝統的な性別に基づく役割分業は以前根強い。しかし、そのこと自体が女性の自立を困難にしているわけではなく、女性農業者の家事、育児、経営参画を、家族や世代間、地域で支える方向もある。また、最近、女性農業者に対して農業経営や地域社会に意欲と能力を発揮で

きるための公的支援などが行われている。

　国際地域開発の捉え方はさまざまな領域、視点で異なる。地域社会は全体社会の一部または部分社会であり、組織や関係性の総体であると捉えることができる。開発もさまざまな対象や水準によって異なるが、ここでは知恵や能力などを導きだし、活用させることと解釈し、論を進めていくこととする。女性農業者のキャリア形成は、開発の視点からみると、農業への知恵や技術などを体得し、農業のプロフェッショナルとしての力量を発揮することを意味する。このような視点から、地域社会を構成する基本単位である人間、とりわけ女性農業者のキャリア形成に着目する必要がある。本章の目的は、女性農業者たちがどのようにキャリア形成を志向し、経済的にパワーアップしていくか、また農業実践していくか、その実態を明らかにすることである。論述の順序として、まず日本の女性農業者の就労実態を把握し、その上で対象とする女性農業者の事例を中心に分析する[1]。

Ⅱ．農業労働力を担う女性農業者の就労実態

　図1は2015年の年齢別男女の農業就業人口を示したものである。これによると、男女ともに農業に従事している人口は、40歳代が最も少なく、75歳以上では男女ともに最も多く、高齢化が進行している。女性の場合、50歳代から70歳代にかけて農業従事者数が多くなる。

　今日の日本の農業は従来の生産を主とする農業の形態から、流通、販売までを含む「6次産業化」が進行し、農業のイメージが変化してきた。これのみでなく、「農業の起業化」「地産地消」もイメージの変化に加担している。特に、女性農業者は、農業経営、食の安全・消費、地域活性化などの方向に関しても関心をもち、農業のイメージを変え

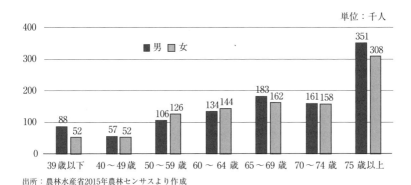

出所：農林水産省2015年農林センサスより作成

図1 年齢別農業就業人口（2015年）

表1 年間売り上げ金額

単位：件

年度	経営形態	売り上げ金額							
		300万円未満	300〜500万円未満	500〜1,000万未満	1,000〜5,000万未満	5,000〜1億未満	1億円以上	不明	計
2012年度	個別	2,559	555	468	282	35	10	899	4,808
	%	53.2%	11.5%	9.7%	5.9%	0.7%	0.2%	78.7%	100.0%
	グループ	2,343	517	594	797	124	96	440	4,911
	%	47.7%	10.5%	12.1%	16.2%	2.5%	2.0%	9.0%	100.0%
	合計	4,902	1072	1062	1,079	159	106	1,339	9,719
	%	50.4%	11.0%	10.9%	11.1%	1.6%	1.1%	13.8%	100.0%
2010年度	個別	2,574	504	447	256	44		648	4,473
	%	57.5%	11.3%	10.0%	5.7%	10.0%		14.50%	100.0%
	グループ	2,489	577	638	856	248		476	5,284
	%	47.1%	10.9%	12.1%	16.2%	4.7%		9.0%	100.0%
	合計	5,063	1,081	1,085	1,112	292		124	9,757
	%	51.9%	11.1%	11.1%	11.4%	3.0%		11.5%	100.0%

出所：平成26年農林水産省経営局就農・女性課農村女性による企業活動実態調査結果概要より作成

つつある。

平成26年度（2014年）3月に発表された農林水産省経営局就農・女性課の「農村女性による起業活動実態の概要」によると、女性の起業活動数は平成9年（1997年）から徐々に増加してきた。しかし、その実態は表1からみると、零細、小規模であり、まだまだ経済的な収益

表2　農村女性の起業活動の内容（複数回答）

(単位：%)

	農業生産	食品加工	食品以外の加工	販売・流通	都市との交流	その他
1997（平成9）	13.4	61.6	5	34.6	4.2	0.4
2001（13）	7.5	67.7	4.1	40.6	6.4	0.7
2005（17）	15.7	75.3	3.8	44.2	11.0	0.5
2006（18）	16.4	75.0	3.6	43.9	11.0	0.6
2009（21）	20.4	75.2	3.3	59.7	20.5	1.7
2011（23）	24.3	74.7	3.3	65.5	23.6	1.6

注：1）農業生産とは、農業生産に直結した活動（女性が中心の作目経営等で、家族経営協定等で部門分担が明確化され、それが女性の収入となっていること）
　　2）流通・販売とは、朝市・直売市、ふるさと宅急便等を活用した流通販売
資料：農林水産省「農村女性による起業活動実態調査」

に繋がっているとはいえない状況にある。2012年の年間売上金額をみると、300万円未満の合計は50.4％と零細な経営が大半である。個別経営別でみても2010年の300万円未満は57.5％、2012年では53.2％と減少し、小規模な取組みが多くみられる（表1）。

　近年では、従来から取組みの多い食品加工、直売所等での販売に加えて、新たな部門経営を担当することや、都市との交流（農家民宿、農家レストラン等の起業活動）が2001年に比べ2011年では約3.7倍に増加している。このような起業活動が徐々に広がり、農産物加工品が地域特産品となるなど地域の活性化に資する取組みが増えてきた（表2）。

　女性農業者は、農業経営の一部や加工、販売等の起業活動を担うなど、日本の農業において重要な役割を果たしている。しかしながら、資格を与えられた女性農業者の数は少ない[2]。このような女性の就業経歴の展開・キャリア形成は、結婚や出産・育児による家族経歴と密接な関係をもっている。日本女性の年齢別労働力率（15歳以上人口に占める労働力人口の割合）をグラフに示すと、35歳から40歳代前半をボトムとするM字カーブを描くため、女性労働者の働き方をM字型

第11章　女性農業者のキャリア形成をめざした農業労働の実態　155

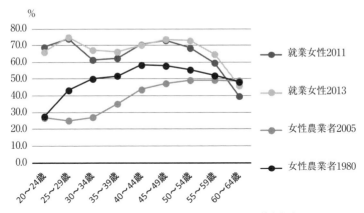

出所: Databook of International Labour Statistics 2015より筆者作成
図2　年齢階級別就業率（女性）

曲線という。

　これは、学校を卒業後就労している女性が、結婚・出産・育児期には退職し、子育が一段落した45歳代で再び就業するということを意味している。M字型曲線は、1960年代後半からみられる日本女性の働き方の特徴である（図２）。M字型曲線からみる日本女性の働き方は、女性に家事・育児を負担させる性別に基づく役割分業が根強く残っており、結婚・出産後も働き続けるための条件が整備されていないことを意味している。近年、M字のボトムが上がってきたが、その要因は、就業経歴を優先する女性の未婚化・晩婚化にある。女性農業者と女性雇用者は労働形態が異なる背景もあり、図２から確認できるように、1980年の女性農業者は緩やかな右肩上がりの台形型である。2005年の女性農業者をみると30歳～34歳代で多少減ってはいるが急激な右肩上がりを示している。このことからも農業労働の高齢化が見てとれる。国際的な視点でみると、ノルウェー、スウェーデン、アメリカでは台形型を示しており、日本とは異なる就業状況にある。

Ⅲ．農業のイメージを変える女性たち―事例が示す方向―

　農業に従事している女性を支援するために、公的機関が開講する講座を受講した女性の事例を通して、いかに農業のイメージが変化しつつあるのかを見てみる。ここでは農業者としての知恵や技術などをどのように習得し、キャリア形成しているのか注目する。女性農業者の代表的事例を紹介する。

1．農業者人材育成・主体的農業経営に取り組む事例

　Nさんは、家族との話し合いに参加して自分の意見を述べ、自分の意思に基づいて農作業に従事している。Nさんは講座を受ける前は、若い農業者の育成やこれからの子供たちに農業のすばらしさや大切さを伝えていきたいと考えていた。また法人化にも関心をもっており、講座では実際に農業を法人化した事例を学んだことで、利益を追求することも必要であると感じた。ネット販売にも関心をもっており、ホームページを作成して若い年代の人にも利用してもらいたいという目標をもっていた。

　講座受講後にNさんは、講座の中で得た情報として若い人に農業に関心をもってほしいという要望や、後継者不足を解消してほしいという意見が多くあったことをきっかけに新規就農を目指す農業研修生を支援するようになった。Nさんは家族経営から法人化し、会社経営の形態をとり、5haの果樹農園を営んでいる。消費者へのサービスとして果物の摘み取り体験を行い、ダイレクトメール（DM）によるアピールやインターネット販売による販路拡大を始めた。また、新規就農者支援として農業研修生が自立できるように、農地を探す支援を

行っている。農業従事者が減少する理由の一つに、農業を新規に行いたくても農地取得が困難であるため、農業が出来ないという環境にあることを指摘した。

　Nさんは、自身が目指す農業経営を実践しつつ、研修生を積極的に受け入れて農業のイメージを家族経営から企業経営へと転換させている。若者を育成する活動により、農業者としてもキャリアアップにつながったという。

　農業研修生が増えれば後継者不足の問題が解決するアプローチになるが、前述した農地取得の問題を解決する必要性もまた浮かび上がってくる。

２．有機農業を基本とした６次産業化の事例

　Kさん（母）とK.Mさん（娘）親子は、三世代家族経営で果樹を1.7ha栽培している。Kさんは受講する前は、農産物の出荷とネット販売の手伝いをしていた。農業は、健康と深く関連する重要な産業と感じていた。

　受講後は以前から目標としていた自家製の有機野菜を使い、肉や乳製品を使わない玄米菜食をコンセプトに調理したメニューの農家カフェをオープンさせた。経営形態は家族主体であり、Kさんは主に農家カフェと果樹農園の運営を担当している。K.Mさんは農作業をしながら、カフェに併設する（ボディートリートメントやネイルアート）ヒーリングサロンも開いている。K.Mさんの夫も本格的に農業を始め、家族での農業経営がより本格的になった。

　農カフェではマクロビオティック（玄米菜食や穀物菜食などの食生活法のこと）を取り入れ、ベジタリアンや健康に関心のある人をターゲットとしている。家族のそれぞれが得意なことを活かし、農家カフェ

を通して若い世代や農業にあまり関心のない人たちに農業活動を発信していくことを講座から学び、農業のイメージを変化させている。

　Kさん親子の農業従事者としてのキャリア形成は、従来からの伝統的・封建的な農業イメージ（生産）から新しい生活スタイル（田舎暮らし・エコライフ・スロースタイル・地産地消）に適合した農業従事スタイル（6次産業化）へと変化させている。

　日本の農業人口は衰退し、高齢化や女性化が進んでいるが、その一方で、安全・安心な暮らし、食の安全を求め、また快適な生活空間や自然が豊かである農業・農村での暮らしを求めている傾向にある。このような背景の中で、Kさん親子は農家カフェを通して若い世代に農業に関心をもってもらい、担い手が育つ農業へのイメージチェンジの役割を果たしている。

3．地域活動を基盤とした多角経営の事例

　Mさんは結婚と同時に会社勤めを辞め、家族経営による農業に従事していた。受講前から、地域活動や農作業に積極的に関わり、果樹の直売店を設けて多角経営を始めた。

　受講後には家族経営協定[3]を結び、夫妻とも認定農業者になり、観光農業にも積極的に取り組んでいる。Mさんの農業キャリア形成は、一つの事業から関連する様々な事業を展開させ、多角経営に結びつけている。例えば、体験農園や農家民宿、オーナー制度等を取り入れ、農業活動を拡大してきている。また、Mさんの農園でも研修生を受け入れており、後継者を育てようとしている。自宅の施設を提供して地域の仲間とワインの製造販売に取り組むなど地域の農業活性化に努めている。夫もNPO町づくり研究会などの社会活動に参加し、夫婦で様々な社会活動に参加している。都市と農村の交流や生産者と消費者

を結ぶ役割を果たしている。Mさんは自身の農業活動を通して農業イメージをより現代社会に適合させる役割を果たしている。

　以上のような事例にみられる女性農業者の農業キャリアは、農家出身である場合ない場合に限らず、農業経験を含めて経歴は多様であり、また農業経験の程度、技術も様々である。結婚後初めて農業に従事する場合でも、会社勤めの経験が経理や販売に生かされることもある。女性農業者のキャリアは農業に関わることにより、次第に家族や地域に果たす役割が大きくなっていく。行政支援が、家族の支援や地域の交流、女性の参画機会を増加させ、活動の場を広げる役割を果たしている。女性が個人の適性、今までのキャリアを生かせるような活動が可能になってきた。

Ⅳ．おわりに

　本章で論じてきた日本における女性農業者の動向とそのキャリア形成からみた農業の実態は次のようにまとめられる。

　日本農業は、生産のみでなく加工、直売、農業を基にした食のサービスなど6次産業化の方向を目指している。その中での女性農業者の起業化が進行しているが、現状では個人経営、グループ経営に限らず零細であり、今後の収益アップが望まれる。公的支援も行われているが、さらなる支援の方法や対象を拡大させ、抜本的な政策の見直しも必要である。

　日本の農業労働力を担う女性の生涯就労パターンは、作目や地域環境によって様々であるが、全体的動向として勤労者に代表されるM字曲線とは異なり、年齢が高まるほど就業率が上昇する（右肩上がり）パターンを示している。このことから、女性農業者においても就業率

の高齢化が進行しているといえる。

　代表的な3つの事例で示した農業労働の実態は、いずれも共通して農業のイメージを変えるような取り組みがあった。女性農業者がキャリアアップするために知識や情報、技術を得る機会として、公的講座は有効であることが示された。グローバル化や情報化などの現代社会に合わせた「儲かる農業」、「企業としての農業」、「若者に魅力ある農業」を創出する必要がある。恒常的に問題になっている後継者不足や担い手育成の対策として、まずは農業のイメージチェンジが重要であろう。

　残された課題は多いがここで示された喫緊の課題は、まだなお残る伝統的・封建的な農業のイメージをチェンジすることである。地域活動を基盤とした多角経営の事例が示すように、一つの事業から新たな事業へと展開するには、新しい視点と意識改革が必要である。グローバル化や高齢化の社会に対応した農業実践のための知識や技術を体得し、キャリアアップできる状況・環境を整える必要がある。

　女性たちの新しい取り組みは従来の農業のイメージを変えつつある。日本農業は、農業生産中心から、これに流通、サービス業を含む農業の6次産業化へと転換しつつある。女性農業者のキャリア形成を促すきっかけの一つに、公的講義や支援の有効性が明らかになった。その結果、公的支援を受けた女性農業者たちが自分の意思で行動するようになり、一歩を踏み出し実践したことから、農業者としてのキャリアアップを果たしている。今後の課題として、男性農業者と女性農業者の新たな役割協業と分業を創出する中で農業労働のあり方を検討していく必要がある。

注

（１）ここで使用する資料の３事例は次のような調査結果から得た。調査対象者は農業に従事している女性・新規就農者を対象に山梨県農政部が開講した講座参加した中から抽出した。この講座の実施年度は2002（平成14年度）に2009（平成21年度）までの期間である。その後、筆者は追跡調査を行った資料も含めて分析している。

（２）農林水産省2015年農林センサスより認定農業者、農業委員等に占める割合は依然低い水準にあり、女性農業者の参画が十分に進んでいない状況にある。

（３）家族経営協定とは、家族農業経営にたずさわる各世帯員が、意欲とやり甲斐を持って経営に参画できる魅力的な農業経営を目指し、経営方針や役割分担、家族みんなが働きやすい就業環境などについて、家族間の十分な話し合いに基づき、取り決めるものである（農林水産省HP）。

参考文献

秋津元輝（2007）「第４章　地域への愛着・地域からの阻害―農村女性起業に働く女性たち―」『農村ジェンダー』昭和堂、pp.111-143。

川手督也（2006）『現代の家族経営協定』筑波書房。

川手督也（2007）「農村版コミュニティ・ビジネスの実現に　女性の果たす役割は大きい―農村女性起業の展開と地域農業・むらづくりへの女性の参画の必要性」21世紀の日本を考える第39号、農文協、pp.4-9。

川手督也（2007）「３章　変わりつつある農村の家・家族・世帯　３　今、農村家族の問題は何か―その現状・動向・課題―」日本村落研究学会編『むらの社会を研究する』農文協、pp.84-90。

澤野久美（2012）『社会的企業をめざす農村女性たち―地域の担い手としての農村女性起業』筑波書房、pp.13-20。

澁谷美紀（2007）「農村女性の世代的特徴から見た起業の促進要因」農村計画学学会誌第26号第１巻、pp.13-18。

社団法人全国農業改良普及支援協会（2008）「出産・育児期農家夫婦の生活時間―事例調査編」社団法人全国農業改良普及支援協会。

原ひろみ・佐藤博樹（2008）「労働時間の現実と希望のギャップからみた

ワーク・ライフ・コンフリクト―ワーク・ライフ・バランスを実現するために」季刊家計経済研究夏号、pp.72-79。
堤美智（2009）「女性農業者のワーク・ライフ・バランスに関する実証分析」2009年度日本農業経済学会論文集、pp.362-369。
独立法人労働政策研究所・研修機構（2015）『データブック国際労働比較2015年版』富士プリント株式会社。
農林水産省統計情報部（2003）農林センサス累年統計書（明治37～平成12年）。
農林水産省経営局就農・女性課（2014）農村女性による起業活動実態調査結果の概要　http://www.maff.go.jp/j/keiei/kourei/danzyo/d_cyosa/woman_data5/pdf/22kigyou_kekka.pdf/　2015.1.3
農林水産省　2015年農林業センサス結果の概要（概数値）　統計表　http://www.maff.go.jp/j/tokei/census/afc/2015/kekka_gaisuuti.html/, 2015.1.3.

本章は2012年にポルトガルリスボンAula Magna Lisbon Universityで行われた第13回World Congress of International Rural Sociology Associationにて発表したものを邦文にして、加筆修正したものである。図、表は最新のデータに修正を加えた。

第12章
開発途上国におけるエネルギー普及と今後の課題
―再生可能エネルギーを使用した持続的開発を目指して―

中村　哲也

Ⅰ．課題

　2011年3月11日に発生した東日本大震災によって、福島第一原子力発電所が事故を起こし、国土が放射性物質に汚染された。福島第一の原子力事故は、世界各国のメディアに放映され、チェルノブイリ原子力発電所の事故で被曝経験を持つ多くのEU諸国の電力政策を大変換させた。EU諸国の中でも、ドイツは2022年までに、スイスも2034年までに原子力発電所を全面的に廃止することを決定している（片野 2012）。EU諸国では原子力発電所を全面撤廃する国々もあるが、国によって、そのエネルギー政策は異なっている。イギリスのように再生可能エネルギーと既存の電力を推進する国もあれば、チェコやスロバキア、ポーランド、フランスのように、今後も原子力発電を推進する国もある。他方、アジアでは今後建設する予定も含めて建設中の原子力発電所の数は多い。IAEA［1］によると、今後、建設予定の原子力発電所はアジアで世界全体の74.2％が占められる。国連［2］によると、2040年の世界人口は90.4億人に達し、今後、エネルギーはアジアやアフリカを中心にエネルギー需要が急増すると予想される。
　そこで本章では、世界人口やエネルギー消費量が増加していく中で、

開発途上国が今後どのようにエネルギーを普及していけばよいのか、その方向性を検討し、今後の課題を提供したい。本章の具体的な構成は以下の通りである。

第1に、エネルギーと人口、CO_2排出量、及びGDPとの関係を考察する。第2に、世界主要国の一次エネルギー構成比を把握する。第3に、再生可能エネルギーを事例として、世界主要国の太陽光・風力・地熱発電量の推移を把握する。最後に、今後、開発途上国では、どのようなエネルギー政策を策定する必要があるのか検討する。

II．エネルギーと人口、CO_2排出量、及びGDPとの関係

1．世界人口とエネルギー、CO_2排出量の関係

まず、世界人口を考察する（World Bank ［3］）。2014年の世界人口は72億774万人であり、中国（13億6,427万人）とインド（12億6,740万人）で世界人口の37％を占め、アメリカ（4％）、インドネシア（3％）、ブラジル（3％）、パキスタン（3％）を含めると人口の50％を占める計算になる。

次に、世界の一次エネルギー総消費量を考察する（Bp plc ［4］）。世界全体の一次エネルギー総消費量（2014年）は129億トンであり、中国が世界シェアの24％を占めている。次いで、同消費量が多いのはアメリカであり、世界シェアの19％を占めている。アメリカの人口は3億1,886万人で世界第3位、ロシアの人口は1億4,382万人で世界第9位であるが、人口規模が遥かに多いインドの一次エネルギー消費量は世界第4位である。また、日本の人口は1億2,713万人で世界第10位であるが、消費量は世界第5位である。続けて、カナダの人口は3,554万人で世界第37位であるが、一次エネルギー消費量は世界第6位であ

る。

　さらに、世界のCO_2排出量は355億トンと推計されている［4］。最も多くCO_2を排出しているのは中国（97.6億トン）であり、次いでアメリカ（60.0億トン）である。世界のCO_2排出量の28％が中国、17％をアメリカが占めている。中国は、人口と一次エネルギー消費量のシェアよりCO_2排出量のシェアの方が大きい。アメリカは、人口に比べて、一次エネルギー消費量のシェアは大きいが、一次エネルギー消費量に比べて、CO_2排出量のシェアは若干小さい。

　その他の国々のCO_2排出量のシェアは、インド（6％）やロシア（5％）、日本（4％）、ドイツ・韓国（各2％）などの順となっており、一次エネルギー消費量のシェアに準じている。ただし、インドは、人口に比して、一次エネルギー消費量もCO_2排出量も少ない。南アジアや東南アジアの国々では、インドと同様な傾向が見られる。

2．1人当たりGDPと一次エネルギー消費量

　それでは、GDPと一次エネルギーの消費量は関係があるのだろうか。
　図1は、1人当たりの名目GDP（IMF［5］）と一次エネルギー（IEA［6］）の関係を示した。図中より、アメリカやカナダは1人当たりの名目GDPが5万ドルを超え、1人当たりの1次エネルギー消費量も多い。また、オーストラリアの同消費量（5.55トン）は韓国やロシア（5.27トン）と同水準であるが、同GDP（61,066ドル）はアメリカやカナダの水準よりも高く、オーストラリアも高所得国である。これらの3か国は、1人当たり一次エネルギー消費量が多い国々である。

　次に、世界第1位の産油国であるサウジアラビアの同GDP（24,252ドル）は、韓国（27,971ドル）と同程度であり、アメリカとカナダの半分に満たない水準ではあるが、同エネルギー消費量（7.08トン）は

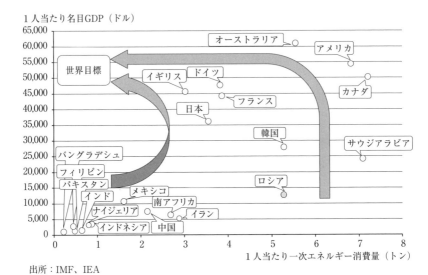

図1　1人当たり名目GDPと一次エネルギー消費量

アメリカとカナダと同水準にある。

　ドイツやフランス、イギリス、日本の1人当たり一次エネルギー消費量は3.02トン（イギリス）〜3.85トン（フランス）、1人当たりの名目GDPは36,222ドル（日本）〜47,774ドル（ドイツ）の範囲にあり、4か国の値は近似している。これらの4か国は1人当たり一次エネルギー消費量が比較的少ない国々である。

　加えて、1人当たりの名目GDPが5,000ドルから10,000ドル程度であるメキシコや中国、南アフリカ、イランのような国々は、1人当たり一次エネルギー消費量がメキシコ（1.61トン）〜イラン（2.87トン）の範囲にあり、近似している。

　最後に、1人当たりの名目GDPが1,000ドルから5,000ドル程度であるバングラデシュ（1,162ドル）〜インドネシア（3,524ドル）のような国々は、1人当たり一次エネルギー消費量がバングラデシュ（0.21トン）〜イラン（0.87トン）の範囲にあり、近似している。

Ⅲ．世界主要国の消費電力と1次エネルギー構成比

1．世界主要国の発電電力量の推移

　ここでは、世界主要国の発電電力量とその推移を考察した［4］。まず、世界の発電電力量が最も大きいのは中国であり、世界の23％のシェアを占めている。次いでアメリカであり、19％のシェアを占めている。以下、日本（5％）、ロシア（4％）、インド（4％）、ドイツ（3％）のように続く。それでは、世界主要国の発電電力量はどのように推移してきたのだろうか。

　1985年の発電電力量を100とした場合、最も大きく伸びたのは中国である。中国は1985年には410.7TWhであったのが1995年には1007.0TWhと2.45倍に上昇し、2000年には1355.6TWh、1985年に比して3.30倍に上昇した。1985年～2000年までの発電電力量の伸び率は、中国とインドはほぼ同水準で推移していた。1985年～2000年までの期間で、最も電力発電量が伸びていたのは韓国であり、2000年には1985年に比して4.64倍に達していた。

　しかしながら、2001年から中国の発電電力量は急激に上昇し、2006年には韓国の伸びを越えていく。2007年以降も中国の伸びは急上昇し、2014年には1985年に比して、13.76倍に達した。2000年まで中国と同じ伸びであったインドは、2014年には1985年に比して6.72倍であり、中国の伸びの半分であった。中国と同様に2000年以降に発電電力量が増加した国にはブラジルがあるが、2014年には1985年に比して3.00倍である。

　他方、1985年に比して、最も伸びが高かったフランスであっても1.62倍であり、アメリカが1.59倍、日本が1.57倍、カナダが1.33倍であった。

ロシアの伸び（1.10倍）が小さいのは、ソビエト連邦崩壊後の経済活動の縮小による影響が大きいが、1990年に東西統一を果たしたドイツ（1.17倍）や、1997年のブレア政権の経済政策の成功を果たしたイギリス（1.12倍）も発電電力量が増加していない。

2．世界主要国の1次エネルギー構成比

図2は、世界主要国の1次エネルギー量の構成比を示したものである［4］。世界の1次エネルギーは127.3億トンであり、石油（33％）や石炭（30％）および天然ガス（24％）を利用した火力発電が87％を占めている。次いで水力発電が7％を占め、再生可能エネルギーが2％を占めている。世界的にみれば、原子力発電は2％を占めるに過ぎな

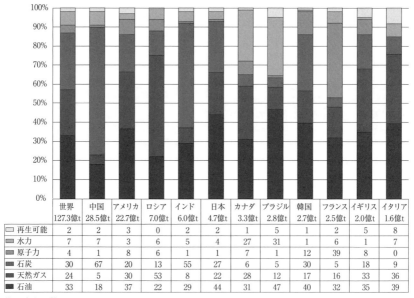

	世界 127.3億t	中国 28.5億t	アメリカ 22.7億t	ロシア 7.0億t	インド 6.0億t	日本 4.7億t	カナダ 3.3億t	ブラジル 2.8億t	韓国 2.7億t	フランス 2.5億t	イギリス 2.0億t	イタリア 1.6億t
再生可能	2	2	3	0	2	2	1	5	1	2	5	8
水力	7	7	3	6	5	4	27	31	1	6	1	7
原子力	4	1	8	6	1	1	7	1	12	39	8	0
石炭	30	67	20	13	55	27	6	5	30	5	18	9
天然ガス	24	5	30	53	8	22	28	12	17	16	33	36
石油	33	18	37	22	29	44	31	47	40	32	35	39

注：表中の値は％。
出所：BP plc、原子力・エネルギー図面集

図2 世界主要国の一次エネルギー構成比（2013年）

い。

　世界で最もエネルギーを消費しているのは中国である。中国では火力発電が90％を占める中で、石炭（67％）や石油（18％）を燃やしたときに出る硫黄酸化物が原因で、PM2.5による大気汚染が進んでいる。同様に、インド（6.0億トン）も石炭（55％）の割合が過半数を占め、中国に次いで石炭火力発電が多い。

　次に、アメリカであるが、石油（37％）、天然ガス（30％）、石炭（20％）のような構成になっており、天然資源に恵まれた同国では火力発電のバランスもよい。同様に、天然資源に恵まれたロシアは天然ガス（53％）の割合が過半数を占めている。他方、島国でありながら天然資源に恵まれたイギリス（2.0億トン）もアメリカに近い構成比になっているが、再生可能エネルギーの割合が5％と高くなっている。また、イタリアは、原子力発電は実施しておらず、再生可能エネルギーの割合が8％と高くなっている。

　これに対して、原子力発電が事実上ストップしている日本は石油を利用した火力発電が44％を占め、93％を火力発電に依存している。韓国は12％を、フランスは39％を原子力に電力を依存しているが、日本は2010年まで26.8％を原子力に依存していた。

　最後に、カナダやブラジルは、水資源に恵まれているため、水力発電の割合が高い。なお、ブラジルは木質バイオマスやサトウキビから生成するアルコールによる再生可能エネルギー（5％）の割合も高い。

Ⅳ．世界における再生可能性エネルギーの方向性

1．世界・アメリカ・欧州における発電電力の見通し

　それでは今後、発電電力はどの発電に切り替わっていくのだろうか。

図3は、世界・アメリカ・欧州における発電電力の見通しを示したものである（EIA［7］）。2008年には石油火力発電が5％、再生可能エネルギーによる発電が3％に過ぎないが、2035年には石炭（32％）や石油（1％）による火力発電の割合が減少し、再生可能エネルギーの割合を16％に向上させる計画である。

アメリカの見通しでは、2035年には石炭火力発電の割合を33％にまで減少させ、再生可能エネルギーの割合を19％にまで引き上げる計画である。

欧州の見通しでは、世界全体やアメリカの再生可能エネルギー率をさらに向上させる計画を立てている。欧州では天然ガス（24％）による火力発電も減らし、原子力を廃炉にしながら原子力（24％）の割合を減らし、再生エネルギーの割合を31％まで増加させる計画である。

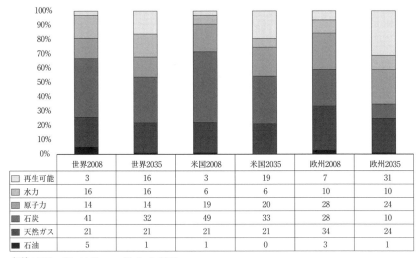

	世界2008	世界2035	米国2008	米国2035	欧州2008	欧州2035
再生可能	3	16	3	19	7	31
水力	16	16	6	6	10	10
原子力	14	14	19	20	28	24
石炭	41	32	49	33	28	10
天然ガス	21	21	21	21	34	24
石油	5	1	1	0	3	1

出所：EIA、World Energy Outlook 2010

図3　世界・米国・欧州における発電電力の見通し

2．再生可能エネルギーの方向性

(1) 世界主要10か国の地熱発電量

まず、再生可能エネルギーの一つである地熱発電を考察しよう。地熱発電は、地球が発する熱を利用したエネルギー源であるが、地球が発する熱は地球上に均等に存在しているわけではない。

図4は、地熱発電のエネルギー源と主要国の地熱発電量を示している［4］。図中より、地球中心部の熱源は、プレートの境目付近に多く表出しており、地熱発電には適している地域とそうでない地域が存在している。地熱発電は8ヵ国が主要国であり、地熱発電設備容量は、アメリカ、フィリピン、インドネシアが上位となっている。他方、地熱資源量はアメリカとインドネシアに加え、日本が上位3位につけている。日本は地熱資源量が少ない他の主要国よりも設備容量が少ない。

次に、世界主要10か国の地熱発電量の推移（1990年〜2014年）を考

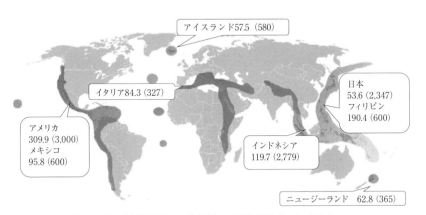

注：図中の値は地熱発電設備容量MW（括弧内は地熱資源量万kW）を示す。
出所：オーストラリア・ビクトリア州政府HP（http://www.energyandresources.vic.gov.au/home）及び資源エネルギー庁『地熱資源開発の最近の動向 2012』より作成

図4　地熱発電のエネルギー源（2012）と主要国の地熱発電量（2014）

察すると、その推移は横ばいである国が多い［4］。

　アメリカは、地熱発電設備容量と資源量ともに世界第1位であるが、その発電量1990年から2014年の間に1.27倍へとなだらかに伸びている。

　フィリピンでは、ルソン島南部のティウイから地熱開発が始められた［8］。同国では、1990年には888MWであったが、2014年には1,917MWとなり、同国は世界第2位の地熱大国に発展している。同国では、2010年には地熱発電が国全体の発電電力量の17％を占めるほど活用されている。同国の北ネグロス地熱発電所やマリトボグ地熱発電所は日本企業（富士電機等）が大きく関わっている。

　世界最大級の地熱資源量を有するインドネシアも、2025年までに950万kWまで地熱発電設備容量を拡大することが計画されている［9］。インドネシアの地熱発電量は1990年には僅か145MWに過ぎなかったが、2014年には1,401MWとなり、フィリピンとともに地熱大国へと発展した。インドネシアの地熱発電所地熱発電用の蒸気タービンでは、日本の東芝、三菱重工業、富士電機の3社で世界の70％以上のシェアをもっている。東芝は2011年のパトハ地熱発電所の受注に続いて、2014年7月にはサルーラ地熱発電所用の60MW地熱発電用タービン・発電機を3組受注している［10］。インドネシアにおいても、地熱発電は日本企業が大きく関与している。

　ニュージーランドには、1台の発電出力が世界最大で、トリプルフラッシュ式の地熱発電用タービンの入ったナ・アワ・プルワ地熱発電所が設置されている［9］。また、アイスランドでは、地熱発電所の熱水をレイキャビクの地域暖房の熱源として使い、温泉施設ブルーラグーンに使用され、地熱が多目的に利用されている［9］。ニュージーランドとアイスランドの地熱発電も富士電機が関わっており、日本の地熱発電技術は日本より世界の地熱発電所に応用されている。

（2）世界主要10か国の太陽光発電量

太陽光発電は、太陽電池を用いて直接的に電力に変換する発電方式である。しかしながら、太陽光発電も、地熱発電と同様に、地球上に均等に存在しているわけではない。

図5は、太陽光発電のエネルギー源と主要国の太陽光発電量を示している（［4］およびVaisala［11］）。図中より緯度の高い国々は、太陽光発電に向かない地域を示し、緯度の低い国々は太陽光発電に向く地域を示している。ヨーロッパは本来太陽光発電には向かない地域であるが、太陽光発電が最も多いドイツ（38,200MW）を筆頭に、イギリスやベルギーのような国々でも、太陽光パネルは多数設置されている。

次に、世界主要10か国の太陽光発電量の推移を検討した［4］。

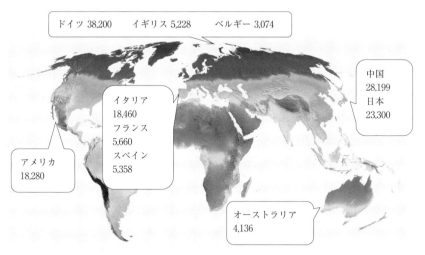

注：図中の値は太陽光発電能力MWを示す。
出所：Vaisala HP及びBP plcより作成

図5　世界の太陽光資源（2010）と発電量（2014）

ドイツでは、2005年には2,056MWとなり、日本の同発電量（1,422MW）を抜き、首位に立つ。ドイツにおける固定価格買取制度は1990年の電力供給法（StrEG）、2001年の再生可能エネルギー法（EEG）の制定、およびその後の複数回にわたるEEG法の改正を経て発達してきた（高度情報科学技術研究機構［12］及び電気事業連合会［14］）。2005年以降、ドイツの太陽光発電量は急速に伸び続け、2014年には38,200MWに達し、太陽光発電や風力発電の電力の買取価格は、通常の電力の小売り料金よりも安価となっている。

スペインでは、1997年の新電気事業法以降、風力発電などの開発を本格化させたが、太陽熱利用や太陽光発電は普及が予定よりも進まなかった（電気事業連合会［14］）。そのため、2007年に太陽光発電の助成を大幅に増加させた結果、2008年には日本の同発電量を追い越して3,463MWに達し、世界第2位の発電量となった。しかしながら、2008年の太陽光発電の助成水準は過剰となり、助成水準を引き下げたため、2014年には5,358MWとなり、世界第6位となっている。

イタリアも、2005年から20年間、固定価格買取制度（FIT）が導入され、太陽光電力だけが買い取られた［14］。買取価格は太陽光設備コストを反映してその後数回にわたり引き下げられる一方で、導入量の目標もその都度引き上げられ、2011年に行われた価格見直しの際には、2016年に約2,300万kWという目標が掲げられた。しかしながら、この再生可能エネルギーの大量導入は、そのコストが系統利用料金に上乗せされることで需要者の負担増（2011年時点で電気代の約20％）を招いている。2011年にイタリア政府は、この再生可能エネルギー電力支援費用が無制限に膨張していくことを阻止するため、太陽光電力で年間67億ユーロの上限枠を設定し、この限度に到達後、支援を打ち切ることを決定した。その結果、2011年以降、イタリアの太陽光発電

事業は伸び悩んでいる。

中国は、太陽電池等の製品輸出が主で、国内開発はそれほど進んでいなかった［14］。しかしながら2009年、商業開発を進めるために「太陽光発電一体型屋根普及計画」を、また太陽光発電のモデル事業を推進するために「金太陽モデルプロジェクト実施に関する通知」を発表した。政府は、財政支援、電気料金の優遇などによって、大型工業や商業施設、公共機関、未電化の辺境地区などで太陽光資源の豊富な地区において、太陽光発電モデル事業を重点的に支援していった。その結果、2014年には同発電量が28,199MWと世界第2位に躍進している

最後に、日本は1996年から2004年までは日本が世界で第1位であり、世界の半分の太陽電池を生産していた。その後、ドイツやイタリアにも同発電量は追い越されていたが、東日本大震災後、固定価格買取制度と国・自治体の各種助成策が実施された結果、2014年には23,300MWに達している。

（3）世界主要10か国の風力発電量

風力発電は再生可能エネルギーの一つとして、自然環境の保全、エネルギーセキュリティの確保可能なエネルギー源として認められ、多くの地に風力発電所が建設されている。

図6は、風力発電のエネルギー源と主要国の風力発電量を示している［4］。図中より、赤道直下の国々は、風力発電に向かないが、太陽光発電には向かない地域でも風力発電が可能である。風力発電量が最も多いのは中国であり、アメリカ、ドイツ、スペイン、インドと続く。

次に、世界主要10ヵ国の風力発電量の推移を考察した（［4］［11］）。中国やアメリカの風力発電量が急速に拡大したのは、2007年以降であ

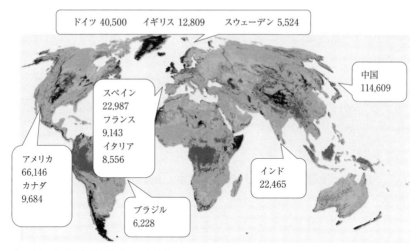

注：図中の値は風力発電能力MWを示す。
　　http://www.vaisala.com/en/energy/support/Resources/Pages/Free-Wind-And-Solar-Resource-Maps.aspx
出所：Vaisala HP（http://www.vaisala.com/en/pages/default.aspx）及びBP plcより作成

図6　世界の風況（2010）と発電量（2014）

り、EU諸国では緩やかではあるが、順調に拡大している。アジアではインドにおいて風力発電は急成長している。

　他方、日本では欧米諸国に比して普及が進んでいない。その理由としては、台風に耐えうる風車を設置すれば欧米と比較してコストが上がることや大量の風車を設置できるだけの平地の確保が困難なこと、もともと日本ではクリーンエネルギーとして太陽光発電を重視してきた歴史があることなどが挙げられる（長谷川　2011）。

（4）世界主要8か国の産業用電気料金
　最後に、世界主要国の電気料金はどのくらい差があるのか検討したい。

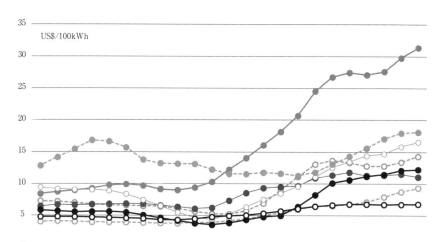

出所：DECC

図7　世界主要8か国の産業用電気料金の推移（3か年移動平均）

　図7は、世界主要8ヵ国の産業用電気料金の推移を3ヵ年の移動平均値を推計した上で示した（DECC [13]）。図中に示すように産業用の電気料金はアメリカが最も安く、次いでカナダが安い。鉱物資源や水資源に恵まれた両国の産業用電気料金は最も安い。

　特筆すべきはデンマークであり、同国の再生可能エネルギーの発電割合（2012年）は50.7％に達する。それにもかかわらず、1991年には6.46USドル/kWhであり、原子力発電の依存率が高いフランスについで電気料金が安い。2013年には11.0USドル/kWhとなり、フランスの電気料金より安くなっている。再生可能エネルギーに依存しているからといって、電力料金が高いわけではない。しかしながら、再生可能エネルギー比率を高めているEU諸国の電気料金が上昇していることも事実である。

イタリアは、産業用の電気料金が世界一高いことでも知られている。同国は、チェルノブイリ事故をきっかけに1987年11月に、原子力発電所の建設・運転に関する法律の廃止を求めた国民投票を行った結果、1990年までに国内全ての原子炉が閉鎖されている（海外電力調査会[15]）。それでも、同国の産業用の電気料金は、1991年〜1999年までは8.4〜9.4ドル/kWhの範囲で概ね横ばいであった。しかし、2003年9月28日、全土に及ぶ大停電が発生したのを機に、国内の発電設備を拡充させるとともに、2004年7月にはイタリア企業の国外投資を促す「エネルギー政策再編成法（マルツァーノ法）」を成立させた[15]。その結果、2000年以降急上昇し、2013年には31.4ドル/kWhに達した。この2013年における同国の産業用の電気料金は、同年に世界で2番目に高いドイツ（16.6ドル/kWh）の2倍水準に近い。

かたやドイツも、1998年に成立した社会民主党（SPD）と緑の党による連立政権は脱原子力政策を打ち出し、2002年には原子力法が改正され、原子力発電所は32年間の運転後順次、閉鎖することにした（海外電力調査会[15]）。その結果、ドイツも2002年を境にして、産業用の電気料金は急上昇し、現在に至っている。

他方、イギリスは、2000年に入ると北海の油田・ガス田の枯渇で、石油、天然ガスの生産量が年々減少し、2004年からはエネルギーの純輸入国に転じている[15]）。そのため、同国の産業用の電気料金は2002年から2008年まで上昇する。その後、EUの「再生可能エネルギー利用促進指令」（2008年12月）によって、2020年までに最終エネルギー消費量に対する再生可能エネルギーの導入比率を、15％まで引き上げる目標が設定された（諸外国の再生可能エネルギー熱政策[16]）。その後、一旦は下がりかけた同国の産業用電気料金は2014年には14.34ドル/kWhに上昇し、現在に至っている。

最後に、日本の産業用の電気料金は、1991年から2001年までは世界一高額であった。しかしながら、同料金は2009年から2013年には再び世界第2位となっている。ここで確認しておくべきことは、日本の産業用電気料金が上がっているのは福島第一原子力発電所が事故を起こしたからではなく、2009年以降世界的な原油高によってすでにその電気料金が上昇傾向にあったからといえる。

V．まとめ

　本章では、世界人口やエネルギー消費量が増加していく中で、開発途上国が今後どのようにエネルギーを普及していけばよいのか、その方向性を検討した。考察した結果、下記の諸点が明らかにされた。
　第1に、エネルギーと人口、CO_2排出量およびGDPとの関係を考察した結果についてである。世界人口は、中国とインドの2ヵ国で世界人口の4割弱を占めるが、世界全体の一次エネルギー総消費量やCO_2排出量は中国とアメリカの2か国で世界の4割以上を占めていた。次に、1人当たりの名目GDPと一次エネルギーの関係を示した結果、高所得国では一次エネルギーの消費量がアメリカやカナダのように多い国もあれば、西欧の先進国や日本のように少ない国もあった。他方、低・中所得国では所得が上昇するにつれて、一次エネルギーの消費量が増加する傾向にあるが、西欧の先進国のようにエネルギー消費量を抑えるエネルギー政策が必要である。もとより西欧の先進国にあっては、所得の上昇を目指しながら、エネルギーの消費量を抑える必要があった。他方、世界主要国の1次エネルギー量の構成比は、火力発電が9割であり、再生可能エネルギーの割合はわずか2％であった。
　第2に、再生可能エネルギーを考察した結果についてである。世界

全体、アメリカ、欧州の発電電力の見通しでは、2035年には再生可能エネルギーの割合を増加させる計画にあり、中国では水力発電の伸びが高かった。地熱発電設備容量は、アメリカ、フィリピン、インドネシアで大きいが、日本は地熱資源量が少ない他の主要国よりも設備容量が少なかった。ただし、地熱発電に関わる日本企業の影響力は大きく、日本の地熱発電技術は、日本より世界の地熱発電所に応用されていた。太陽光発電は、発電に向かないEU諸国にも多数設置されていった。そして、震災以降、日本では太陽光発電の設置数が急増していった。しかしながら、太陽光発電は固定価格買取制度の影響が大きく、EU諸国では横ばい気味である。風力発電は、エネルギーセキュリティの確保可能なエネルギー源として認められ、特に中国において急増した。しかし、日本は台風の影響があることや大型の風車を設置できる平地が確保できないため、増加するまでには至っていない。

最後に、今後、開発途上国では、どのようなエネルギー政策を策定する必要があるのかについてである。2015年12月16日、地球温暖化対策の国連の会議COP21では、京都議定書以来18年ぶりとなる新たな枠組み「パリ協定」が採択された [17]。発展途上国を含むすべての国が協調して温室効果ガスの削減に取り組む初めての枠組みとなり、世界の温暖化対策は歴史的な転換点を迎えている。本章で考察した結果、再生可能エネルギーの割合が高いデンマークの電気料金が安く抑えられていることを鑑みても、パリ協定に従う形で、温室効果ガスを削減するために再生可能エネルギーの需要は高まるであろう。

今後、発展途上国ではエネルギー需要が急増することが予想される。今後、発展途上国においてエネルギーを普及させるには、既存の火力、水力、原子力に加えて、再生可能エネルギーによる発電のシェアを上昇させていき、持続的な開発・発展を目指す必要があるだろう。

参考文献

片野優(2012)「フクシマの影響とエネルギー政策」『フクシマは世界を変えたか―ヨーロッパ脱原発事情―』河出書房新社、pp.124-190。

長谷川公一(2011)『脱原子力社会へ―電力をグリーン化する―』岩波書店、p154。

[1] https://www.iaea.org/,　IAEA,　2015.12.17.
[2] http://www.un.org/,　UN,　2015.12.17.
[3] http://www.worldbank.org/,　World bank,　2015.12.17.
[4] http://www.bp.com/,　BP plc,　2015.12.17.
[5] http://www.imf.org/external/index.htm,　IMF,　2015.12.17.
[6] http://www.iea.org/,　IEA,　2015.12.17.
[7] http://www.eia.gov/,　EIA,　2015.12.17.
[8] http://www.enecho.meti.go.jp/category/resources_and_fuel/geothermal/explanation/mechanism/plant/foreign/004/,　2015.12.17.
[9] http://www.chinetsukyokai.com/information/sekai.html,　2015.12.17.
[10] http://www.asiabiomass.jp/topics/1408_05.html,　2015.12.17.
[11] http://www.vaisala.com/en/pages/default.aspx,　2015.12.17.
[12] http://www.rist.or.jp/index.html,　一般財団法人高度情報科学技術研究機構、2015.12.17.
[13] https://www.gov.uk/government/organisations/department-of-energy-climate-change,　DECC,　2015.12.17.
[14] https://www.fepc.or.jp/index.html,　電気事業連合会、2015.12.17.
[15] http://www.jepic.or.jp/index.html,　一般社団法人海外電力調査会、2015.12.17.
[16] https://www.env.go.jp/earth/report/h26-01/ref03.pdf#search='%E3%82%A4%E3%82%AE%E3%83%AA%E3%82%B9+%E3%82%A8%E3%83%8D%E3%83%AB%E3%82%AE%E3%83%BC+2020'、諸外国の再生可能エネルギー熱政策（環境省）、2015.12.17.
[17] http://www3.nhk.or.jp/news/,　NHK NEWS web,　2015.12.17.

第13章
人工光型植物工場の普及とマーケティング上の課題

矢野　佑樹

I．はじめに

　植物工場は、施設を利用して野菜や果物を栽培する施設園芸の一種であるが、コンピュータを用いて高度な環境制御が行われているという点で、従来のものとは大きく異なっている[1]。国内では、政府による予算面での支援強化やLEDの開発等を契機として、ここ数年で植物工場ビジネスへの参入が相次いでいる。また、乾燥地域や寒冷地域など露地栽培に不適な場所でも作物の生産が可能なため、植物工場システムの海外展開も注目されており、既に、中東やアジア、ロシアなどに植物工場設備を輸出しているメーカーも存在している。
　一般的に、植物工場には大きく分けて、閉鎖環境で蛍光灯・LED等を用いる「人工光型」と、半閉鎖環境で太陽光の利用を基本とする「太陽光利用型」の2つがあるが、日本が相対的に技術優位性を保持しているのは「人工光型」である[2]（三菱総合研究所　2015）。完全に隔離された栽培環境において、蛍光灯やLEDで栽培された葉物野菜が販売されている事例は日本以外では見られない（産業競争力懇談会　2015）。2015年3月の時点で、国内の植物工場施設数は414施設となっており、その約半分は蛍光灯・LEDを用いて作物を生産する人工光型であり、残りは太陽光を利用するタイプの施設である（日本施設園芸協会　2015）。

どちらのタイプの施設でも、天候や季節に左右されない安定生産、減農薬栽培および高い生産性と資源利用効率の実現が可能なため、従来の農業と比較すると製品の安全性や品質など多くの点で優れていると考えられる（Kozai　2013）。特に、人工光型植物工場では、完全無農薬で極めて清潔な製品や、照射光の波長制御・光量調節によって栄養成分・食感が調整された製品など、これまでになかった農産物の生産が可能になってきている。また、空き工場や空きビル、倉庫などでも生産が可能なため、今後の都市型農業の発展に大きく貢献していくものと考えられる。さらに、グローバルな視点では、水や肥料原料といった資源を極めて効率的に利用でき、砂漠・塩害・汚染地域などでも農産物の栽培が可能であるため、気候変動や資源枯渇問題に対処できる技術として世界的にも大きな期待が寄せられている。

　これらの利点によって、人工光を用いた栽培技術は大きな期待を集めているが、技術面およびマーケティング面で克服すべき課題も多く存在する。まず、工場建設や設備等に多額の初期投資費用がかかることや、ランニングコスト（主に電気代）が高いことは、人工光型植物工場の導入やその生産物の普及の足かせになっている。現在のところ、コストに見合った作物は葉物野菜やハーブに限定されており、今後更なるコストパフォーマンスの向上が望まれる。これらの技術的な課題に加え、工場野菜はまだ流通を始めたばかりであり、その栽培方法や特徴に対する理解が浸透しておらず、特にその栄養価や味に対する不安や誤解が生じている状況にある。また、工場野菜に対するニーズを解明する取り組みが少ないことも大きな問題である。今後、人工光型植物工場を世界的に普及させていくためには、国内外を問わず、マーケティング活動による実需者ニーズの把握やイメージ・理解度の向上等が重要になると見込まれる。

本章では、植物工場産業の発展と現状を概観した後、日本が技術優位性を保持している人工光型植物工場に焦点を当て、そのマーケティングの現状と今後の課題について整理する。

II. 植物工場の発展と種類

1. 植物工場の歴史

　植物工場の歴史は古く、1957年にクレス（カイワレによく似た作物）の一貫生産を行ったデンマークのクリステンセン農場が起源といわれている（高辻　2007）。人工光型植物工場を最初に開発したのはアメリカにある企業であり、1960年代から研究が始まっていた。日本では、1974年頃から日立製作所中央研究所で植物工場の研究が始まり、70年代後半には協和化学工業株式会社（現：協和株式会社）が水耕栽培に参入している。1985年に開催された国際科学技術博覧会（つくば万博）では、回転式レタス生産工場が展示され注目を集めた。また同じ年に、ダイエーによって千葉県船橋市のショッピングセンター「ららぽーと」内に、日産100株の植物工場「バイオファーム」が設置され大きな話題を呼んだ。

　1990年代に入ると、政府の政策により大手食品メーカーの参入が促進された。例えば、キユーピーの人工光型植物工場「TSファーム」では、三角パネルと噴霧水耕による栽培システムが採用され、サラダ菜やリーフレタス等の生産・販売が開始された。また、農外企業による植物工場事業への参入も相次いだ。2000年代前半には、株式会社スプレッドや株式会社フェアリーエンジェルといった企業が、蛍光灯を利用した多段式の人工光型植物工場ビジネスを開始した。

　そして近年では、2009年の経済産業省・農林水産省による予算面で

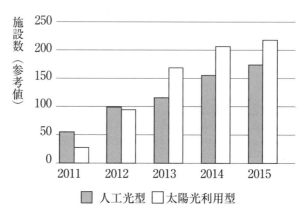

注：各年3月末時点の数値
資料：日本施設園芸協会調べ　グラフは筆者作成
図1　国内植物工場数の推移

の支援やLEDの開発等を契機に、植物工場産業は急速に拡大している。図1には2011年から2015年までの国内の人工光型および太陽光型植物工場の数の推移が示されている（日本施設園芸協会　2015）。この5年間で、人工光型は約2.5倍、（人工光で補光するタイプを含めた）太陽光型は7倍以上になっている。また、近年海外では太陽光型植物工場が主流であり、特にオランダはその技術で世界をリードしている。

2．植物工場のタイプとその特徴

　太陽光利用型植物工場は、高度なICT技術や環境制御技術によって、従来の温室施設（ハウス等）の温度や湿度、液肥、炭酸ガス濃度等といった植物の生育環境をコントロールすることで、周年・計画生産を可能にしたものである。主にトマトやパプリカ等の果菜類やミツバやリーフレタス等の葉菜類の栽培が行われており、大規模化も容易にできる。しかし、半閉鎖環境であるため病害虫が発生しやすく、栽培管

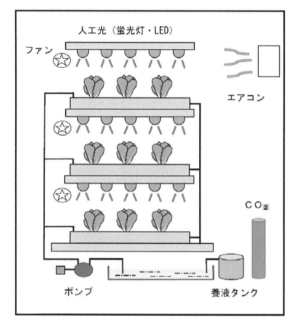

資料：Yamori et al.（2014）を参考に筆者作成
図2　人工光型植物工場

理が人工光型植物工場よりも難しいといった問題があり、農薬の使用や高度な管理技術が必要となる。

　一方、人工光型植物工場は外部環境から完全に隔離された空間で栽培が行われるため、環境制御が比較的容易であり、病害虫に対する心配もほとんどない。人工光型植物工場の典型的な生産システムは図2に示されており、光源に蛍光灯もしくはLEDを用い、栽培面を複数段縦方向に重ねた「多段式栽培棚」を採用しているものが主流である。培地は水耕が多く、自動追肥による濃度制御や液温制御が可能となっている。また、光量や温度・湿度、炭酸ガス濃度などの環境条件も最適に保たれている。さらに、大規模工場から、レストランに併設でき

るタイプや家庭用の小型のものまで、その施設規模は様々であり、場所を選ばずに設置可能である。現在はリーフレタスやサンチュ、ハーブ等の葉物野菜が主に栽培されている。

このような生産システムを備えた人工光型植物工場（野菜）には以下のような特徴がある。

- 極めて清潔である（無農薬・低細菌）
- 収量や品質のばらつきが少なく、成長も早い（安定生産、安定価格）
- 食感や味を調整でき、苦味やえぐみが少なく食べやすい
- 栄養成分のコントロールが可能である（低カリウム、ビタミン増等）
- 調理の際にロスが少ない
- 水利用効率が非常に高い（屋外農場に比べて1～2％の使用量で済む）
- 土地生産性が非常に高い（理論値では露地栽培に比べて100倍以上）

このように、人工光型植物工場は多くの利点を持っているが、上述の通り、初期費用と電気代が高額であることが普及の足かせとなっている。今後、国内だけでなく海外にも日本の人工光型植物工場システムを普及させていくためには、より一層のコストパフォーマンスの向上が望まれる。また、これらの技術的な課題に加えて、迅速な普及・定着のためにはマーケティング面での課題も多い。

次節では、日本の輸出産業となり得る人工光型植物工場に焦点を当て、そのビジネスの現状と今後の課題について述べる。

Ⅲ．人工光型植物工場ビジネスの現状と課題

1．国内人工光型植物工場ビジネスの現状

　これまで、国内において人工光型植物工場野菜は「洗わなくてよい」や「無農薬」といった高い安全性が前面に押し出されたPR活動が行われてきた。前節で述べた通り、密閉された空間で栽培される工場野菜は虫や細菌が発生するリスクが低いため、従来の栽培方法で生産されるものよりも清潔であるといえるのかもしれない。確かに、これは消費者が葉物野菜に対して求めている要素と合致しているが（Kurihara et al. 2014）、日本では元々国産農産物に対して「安心である」と感じている人が多いため、そのメリットを実感しにくいようである。また、これまでの研究では、生産システム（水耕栽培）に関する知識は獲得しづらいことがわかっており、工場野菜の安全性を真に理解している消費者は少ないと考えられる。つまり、「洗わなくてよい」と記してあっても、どのような仕組みで「洗わなくてよいほどきれい」になっているのかがわからず、その真の価値を見出せていないと考えられる。したがって、今後は「高い安全性」のみで商品差別化を図っていくことは難しいかもしれない。

　また、"人工光"を用いて"工場内"で生産されているという事実から、工場野菜に対して得体がしれないといったマイナスイメージをもつ消費者も一定程度存在する。特に、栄養面や味・食感に対して不安を感じる人の割合が比較的多い傾向にある[3]（三菱UFJリサーチ＆コンサルティング㈱　2013）。このようなマイナスイメージを払拭するためには、植物工場の生産システムや製品の特徴について詳しく知ってもらうことが有効であるという研究結果が報告されている[4]

(Yano et al. 2015)。したがって、短期的にはネーミングや商品パッケージ、売り場POPの工夫並びに試食販売などのマーケティング活動を通して、効率的に情報を伝達していくことが重要となる。また、長期的には教育やセミナーによって、人工光型植物工場（野菜）の理解度を高めていくことも重要と考えられる。しかし、いずれにせよ人工光型植物工場に対する消費者全体の理解度・イメージを改善していくには、時間がかかることが予想される。

　人工光型植物工場は、農産物供給で求められる「定時・定量・定価・定品質（4定条件）」に対応できるため、小売や外食、食品加工産業の工場産野菜に対する需要は大きいと考えられている。しかしながら、予想されているよりも技術的に栽培が安定しないケースが見られるため、今後より安定的な栽培を実現するための生育制御技術の確立や生産管理を行う人材育成が求められる。また、一般消費者と同様に、露地野菜や従来の施設園芸作物との差別化を徹底する必要があるだろう。

　最近は、特定の栄養成分を有する「機能性野菜」が注目されており[5]、これは環境制御が比較的容易な人工光型植物工場の得意な分野である。今後は、上述の「安全性」および「安定供給」に加え、植物工場野菜のもつ「機能性」によって製品差別化を図っていくことが、今後の植物工場ビジネスの鍵になると考えられる。

2．国内人工光型植物工場ビジネスの今後の展望

　平成27年版高齢社会白書によれば、2014年10月の推計で日本の高齢者人口の割合は過去最高の26％となっており、20年後の2035年には33.4％（3人に1人）にまで達すると見られている（内閣府　2015）。特に、今後の高齢化は都市部を中心に顕在化すると予想されており、

高齢単身世帯あるいは高齢夫婦世帯や、生活習慣病患者、認知症高齢者などの増加が見込まれている。同時に、経済的事情や女性の社会参加への意欲の高まりによって、今後も引き続き共働き世帯が増加していくと予想されている。このような社会構造の変化に伴って、医療機関や介護事業者、在宅高齢者並びに保育事業者等から、以下のような特徴をもった野菜・果物に対するニーズが拡大していくものと想定される。

- 病院や高齢者施設、保育施設等でも扱えるほど極めて清潔な（洗浄度の高い）青果物
- 特別に栄養成分が調整された青果物（例えば、腎臓病患者でも食べられる低カリウムレタス・メロンや、糖尿病や高血圧に良いリコピンやβカロテン含有量が多い野菜）
- 高齢者や子供にも食べやすい味・食感の野菜（例えば、苦味が少なく柔らかい野菜）
- 調理しやすい野菜（調理時間の短縮が可能）

施設・ビル等に設置できるタイプの植物工場や大規模な植物工場は、このようなニーズに対応することができると考えられる。特に、清潔な生野菜の安定供給や健康によい機能性野菜の栽培は、人工光型植物工場の得意とする分野である。最近は、LED（赤・青）・蛍光灯の異なる光源の使い分けや特殊な液肥によって、苦味がなく葉の柔らかい野菜やカリウム含量の少ない青果物等の栽培が可能になっており（中村他　2014）、今後さらに様々な特徴をもった青果物の生産が可能になるだろう。これらの青果物に対する潜在需要は大きいと考えられ、既に人工光型植物工場を導入している病院や介護系事業所が存在する[6]。また、腎臓病患者等に向けた低カリウムのレタスやメロンを販売している企業も出てきている。さらに、人工光型植物工場を身近

に設置することは究極の地産地消の形態であるため、商業施設やレストラン、一般家庭等での導入も増えている。

今後もこうした特殊な青果物や人工光型植物工場ユニットに対する需要は増えていくと考えられるが、どこに実需者がいるのかを予め把握した上でマーケティング活動をしなければ、社会的に最適な生産・供給体制を確立し、効率的に資源配分をすることはできない。したがって、医療・介護・保育産業や高齢世帯におけるニーズの把握が不可欠となると同時に、上述のとおり、人工光型植物工場の理解度を向上させていくことで、誤解を解き、ネガティブなイメージを払拭していく必要も出てくるだろう。今後、補助金に頼らない持続的な植物工場ビジネスを実現していくためには、より一層の研究による新商品の開発や生産費用の低減に加えて、マーケティングや教育の推進がますますその重要性を増すと考えられる。消費者の誤解を解き、ニーズに最大限対応した農産物の生産供給体制を確立することは、健康で豊かな食生活の実現に寄与することにもなるため、その社会的意義は高いといえる。

3．人工光型植物工場ビジネスの海外展開

世界の人口は2015年現在73億人であるが、2050年には97億人になると予測されており、急激な人口増加が続いている（United Nations 2015）。FAO（国際連合食糧農業機関）によると、人口増加に伴う食料需要の増加を満たすためには、2050年までに世界の農業生産は70％増加する必要がある（FAO　2009）。また、新興国や開発途上国での都市化や所得向上に伴って、野菜や果物に対する需要が増加することが予想されている（板垣　2006、本間　2013）。その一方で、現在地球上には水不足・砂漠化や塩害、土壌汚染などによって農産物の生産

が困難な地域が広がっており、気候変動などの環境問題や資源の枯渇がこれに拍車をかける可能性もある。食料増産と環境・資源保全を両立させながら、食料の安全保障を図っていくことは先進国をも含めたグローバルな政策課題である。

近年、これらの課題を同時並行的に解決するための技術の一つとして、日本の人工光型植物工場に世界的な注目が集まっている（古在2013）。その理由としては、上述の通り天候・災害等に左右されず、水・肥料などの資源を効率的に利用して農産物を生産できるため、厳しい環境や資源不足によって露地栽培や温室栽培が難しい地域でも新鮮で衛生的な食料を供給できる点が挙げられる。今後は、特に水不足・水汚染地域、寒冷地域、乾燥地域等で人工光型植物工場に対する需要が高まると予想できる。

これまでにも、カタールや香港、モンゴル等に人工光型植物工場システムが輸出されており（シーシーエス株式会社　2010、三菱化学株式会社　2013）、今後も日本で生産された工場野菜を輸出するのではなく、植物工場のインフラの輸出が主流になると考えられる。特に、都市部への人口集中は世界的に進行すると見られているため、空きオフィスや高層ビル、廃工場などに導入できるタイプの植物工場ユニットに対する需要は増加していくと考えられる。今後、技術の向上によるコストカットの状況次第では、世界の農業の在り方を一変させる食料生産方式であると期待されている。

しかしながら、国内と同様に、予め工場野菜に対する潜在的ニーズを把握するとともに、明確なターゲット設定・販路の確保を行い、優秀な栽培管理者によって安定的な生産を実現できなければ、安定した収益を上げていくことは難しいかもしれない。したがって、単に植物工場ユニットを販売して終わりではなく、栽培ノウハウや人材育成方

法、市場調査手法、マーケティング戦略の立案方法など、日本の植物工場ビジネスモデルをまるごと輸出することを考えていく必要があるだろう。現地の食習慣や環境条件（気候や人材、文化など）、エネルギー環境（エネルギーの入手可能性、エネルギーインフラの状況）、製品輸送などについての知識も重要になる。何れにせよ、海外における人工光型植物工場に対する消費者意識やニーズの解明等に関する研究は、最適な植物工場ビジネスモデルを構築していく上で、ますます重要になると考えられる。

Ⅳ．おわりに

　以上、本章では、今後世界の農業生産方式を一変させる可能性をもった植物工場の発展とその特徴を整理し、日本が特に技術優位性を有している人工光型植物工場の国内外におけるマーケティング上の課題と今後の展望について考察した。
　国内では都市高齢化が急速に進展すると見込まれるため、健康に良い機能性成分を含有した工場農産物や、都市部に適した比較的小規模な植物工場ユニットへの需要拡大が見込まれる。国外では、水不足地域や乾燥地域、寒冷地域、人口密集地域において、資源を極めて効率的に利用し、天候などに左右されずに農産物を安定生産できる日本の人工光型植物工場ユニットに対する需要が増えていくことが予想される。
　このように、国内外を問わず、人工光型植物工場に対する潜在需要は大きいと考えられるが、地域ごとの食文化や環境、ニーズを的確に把握し、栽培技術面のサポートだけでなくマーケティングの推進も同時に行わなければ、安定的に収益を確保していくことは難しいと考え

られる。将来、様々な地域に適した植物工場ビジネスモデルを構築し、世界の人々の健康で豊かな食生活を実現するためには、工場農産物に対する消費者意識やニーズの解明、最適な生産・供給体制の構築に関する研究が益々重要となるだろう。

注
（1）植物工場（Plant Factory）は、海外では垂直農業（Vertical Farming）とも呼ばれている。
（2）太陽光利用型植物工場に関しては、オランダが世界をリードしている状況である。
（3）あくまでもイメージであり、実際の評価ではない。実際には、製品によっては露地物よりも味や食感が劣ると評価されることもあれば、逆に優れているという評価もあり、製品や個人によって評価は異なる。
（4）人工光型植物工場の認知度は7割前後と高いが、たとえ認知されていたとしても理解度が高くなければイメージは改善されないという研究報告もある。
（5）老化防止や高血圧予防などの機能を持つ成分を「機能性成分」と呼び、それを含む野菜が「機能性野菜」と呼ばれている。
（6）東京都世田谷区にある医療法人社団青泉会下北沢病院や青森県の医療法人蛍慈会石木医院等に人工光型植物工場が導入されている（日本施設園芸協会 2015、NTTファシリティーズ 2014）。また、東京都府中市にある榊原記念病院にもディスプレイ型植物工場が設置されている（長山他 2014）。

参考文献
FAO（2009）"How to feed the world: 2050", High Expert Forum, 12-13 Oct. 2009. Food and Agriculture Organization of the United Nations, Rome. Available at http://www.fao.org/fileadmin/templates/wsfs/docs/Issues_papers/HLEF2050_Global_Agriculture.pdf（accessed at 28th of December 2015）.
Kozai, T.（2013）"Plant factory in Japan: Current situation and

perspectives", Chronica Horticulture, Vol.53, No.2, pp.8-11.

Kurihara, S., Ishida, T., Suzuki, M. and Maruyama, A. (2014) "Consumer Evaluation of Plant Factory Produced Vegetables", Focusing on Modern Food Industry, Vol.3, No.1, pp.1-9.

United Nations (2015) "World population prospects: the 2015 revision", United Nations: New York.

Yamori, W., Zhang, G., Takagaki, M., and Maruo, T. (2014) "Feasibility study of rice growth in plant factories", Journal of Rice Research, Vol.2, 119, doi:10.4172/jrr. 1000119.

Yano, Y., Nakamura, T., and Maruyama, A. (2015) "Consumer Perceptions Toward Vegetables Grown in Plant Factories Using Artificial Light - An Application of the Free Word Association Method", Focusing on Modern Food Industry, Vol.4, pp.11-18.

板垣啓四郎（2006）「世界食料需給の現状・見通しと国際農業協力」国際開発研究、国際開発学会。

NTTファシリティーズ（2014）「青森県内初の医療法人・介護系事業所に「植物工場」完成～運営施設へ野菜の提供を開始～」ニュースリリース、2014年5月12日。http://www.ntt-f.co.jp/news/heisei26/h26-0512.html

古在豊樹（2013）「人工光型植物工場の進歩と今後の発展方向」日本農学アカデミー・（公財）農学会。

産業競争力懇談会［COCN］一般社団法人（2015）「アグリ・イノベーション・コンプレックスの構築」2015年度プロジェクト中間報告。

シーシーエス株式会社（2010）「『コンテナ野菜工場』中東カタールの企業に納入決定～三菱化学が統括販売～」ニュースリリース、2010年1月12日発表。http://www.ccs-inc.co.jp/s3_ir/s_06-2010.html

高辻正基（2007）『完全制御型植物工場』オーム社。

内閣府（2015）『平成27年版高齢社会白書』、2015年6月12日閣議決定。

中村研二・川島啓・佐賀浩・佐藤清志（2014）「被災地復興ビジネスモデルの調査研究～企業による新たなビジネス戦略と技術経営事例～（前篇）」日経研月報2014年11月号：研究員リポート、pp.52-59。

長山雅俊・高嶋美穂・森正彦・千年篤・荻原勲・植竹照雄（2014）「病院を拠点とした医食農連携による機能性農産物の生産・流通・消費システ

ムの実証的研究」Primaff Review、No.62、pp.8-9。

日本施設園芸協会（2015）「平成26年度　次世代施設園芸導入加速化支援事業（全国推進事業）事業報告書：高度環境制御技術導入に係る全国実態調査、優良事例調査（植物工場一覧）」Available at: http://www.jgha.com/shiryou.html.

本間正義（2013）「食料と農業からみる日本のアジア戦略」フィナンシャル・レビュー116、pp.168-199。

三菱化学株式会社（2013）「香港Vegetable Marketing Organization社への植物工場の販売について」ニュースリリース、2013年2月4日。

三菱総合研究所MRI㈱（2015）「平成26年度　地域経済産業活性化対策調査　植物工場産業の事業展開に関する調査事業報告書」、2015年3月。

三菱UFJリサーチ＆コンサルティング㈱（2013）「植物工場製野菜に関する消費者調査」プレスリリース。

第14章
グローバル・フードバリューチェーンと途上国の農業開発

板垣　啓四郎

I．はじめに―グローバル・フードバリューチェーンと農村の貧困問題―

　最近、グローバル・フードバリューチェーンという用語をよく耳にするようになった。フードチェーンなりサプライチェーンなどの概念はすでに定まって久しいが、この新しい用語をどのように定義し、それが意味する目的と内容をどのように設定すべきかについては、まだ十分な定説がないように見受けられる。

　とはいえ、実際の動きのなかでは、食料・農業生産部門を中心において、その前後に繋がる諸部門、すなわち食料・農業生産に投入する資機材の供給産業から食料・農産物の流通と販売に関わるサービス産業の成長と発展を通じて、そのなかで主体的な役割を果たす企業が互いに連鎖し合い、そこから新たなビジネスチャンスが生まれて価値を産み出し、その取引から相互に利益を引き出し合う関係と仕組みが出来つつあるのが現状である。フードバリューチェーンと呼ばれる動きであり、しかもそれが国内外の取引を通じてグローバルに展開している。

　グローバル・フードバリューチェーンというシステムが、国内外の市場の成長を伴いつつ進化と拡大を遂げながら、産業間および企業間

でより緊密化し、そこに新たな価値とビジネスチャンスが生成されていくことになる。そういう意味では、グローバル・フードバリューチェーンは、際限なく発展していくポテンシャルを有しているといえる。

ところで、グローバル・フードバリューチェーンは、市場メカニズムの経済原則が比較的貫徹する側面をもつので、このメカニズムに乗りきれない伝統的な部門や分野、そこに雇用されている者や市場から遠隔な地域においては、このシステムの圏外にはじき出されてしまう可能性が高い。例えば、途上国において、生産している農産物の商品化率が小さく、また市場アクセスに乏しい地域や農業者の間では、システムの恩恵を受けることなく貧困が持続してしまう。農産物の加工度が低く、たとえ加工しても流通から販売へとつながりにくい地域でも、農業による発展の糸口が容易にはつかめない。したがって、こうした貧困地域や貧困者階層に対して、グローバル・フードバリューチェーンのシステムに組み込まれるような仕組みをつくり、雇用機会の創出や所得の増大を通じて、貧困を解消していく道筋を立てていくことは、途上国の農村を中心とする貧困問題の解決にとって重要な課題といえよう。他方で、システムに組み入れられているとしても、さまざまな理由から市場競争力に乏しく所得形成力が小さい農業者の階層や地方に存在する食品関連産業を発展の軌道に乗せる戦略もまた、十分考慮に入れなければならない。

本章は、グローバル・フードバリューチェーンの概念を現状に即して再検討するなかで、そこに含まれている諸課題を整理するとともに、途上国農村の貧困問題を解決しようとする上で、グローバル・フードバリューチェーンとの関連でみた農業開発協力はいかにあるべきかを明らかにしようとするものである[1]。

Ⅱ．グローバル・フードバリューチェーンの概念を再検討する

　グローバル・フードバリューチェーンの概念を再検討する前に、フードバリューチェーンについて、その概念を敷延させて説明しておきたい。

1．フードバリューチェーン

　フードバリューチェーンのコンセプトは、農林水産省の説明によれば、「農林水産物の生産から加工・製造、貯蔵、流通、消費に至る各プロセスで付加価値を高め連結することにより、食を基軸とした付加価値の連鎖・つながりを構築すること」とされている[2]。しかしながら、これだけでは意味している内容がよくわからない。生産から消費に至る各段階でどのような付加価値をつくっていくのか、付加価値の連鎖がフードバリューチェーンのシステム全体としてどのような意味をもつのか、またそこにどのような課題が存在するのかを明らかにする必要がある。

　付加価値は物的価値とサービス価値に大別できる。物的価値は、農産物の生産から加工、流通に至るまでの間に農産物の素材自体に価値が加わること（GAPの遂行、品質の向上、安全性の追求、加工の高度化、鮮度の維持など）であり、サービス価値は、サービスの付与によって特に消費者のニーズに対応すること（時間に正確なデリバリー、食料・農産物の使いやすさ、品質表示、トレーサビリティなど）である。これらの付加価値は、結局、消費者を含むエンドユーザーの満足（効用）の程度によって決められ、その支払い意思の大きさが対価（付加価値の価格）を決定する。付加価値の産出には何らかの単位あたり

コストを要し、対価からコストを差し引いたものが利益となる。この利益が、エンドユーザーの効用の最大化を意識して、それぞれの段階で工夫することにより、もたらされることになる。それぞれの段階を担うステークホルダーは、ステークホルダー間で連携を取り合うことにより、付加価値を産む機会を見出すことができる。利益を確保するためには、各段階が有する機能を連携（機能間連携）させる必要がある。付加価値が連鎖することとは、フードバリューチェーンのシステムを構成する各段階、さらにはそれぞれの段階のステークホルダーがネットワーク化し、システム全体で協業することにより、各段階での付加価値がフードバリューチェーンの流れに沿って連鎖するということを意味する。言い換えれば、システム全体の総体利益を追求するために、各段階のステークホルダーがコラボレーションしながら付加価値を産み出す努力を通じ、それが連鎖していくことがフードバリューチェーンの意味するところといえよう。

　途上国においては、市場経済が浸透し、経済発展に伴い消費者の所得が向上しまた都市化が進行して、より付加価値の高い食料・農産物に対する市場需要が増加していくにつれ、フードバリューチェーンはより一層複雑となって高度化し、システム全体の規模が拡大して、ステークホルダーの間では利益を産み出す機会と利益幅が大きくなっていく。フードバリューチェーンの複雑化・高度化とは、例えば、食料・農産物の生産と加工の段階では、技術進歩を伴う投入財や機械・施設の導入により供給能力や価値創出力が強化されることを、またその流通と販売の段階では、鮮度保持や安全性確保のための技術導入、トレーサビリティや品質表示など情報の発信、流通チャンネルの多様化や流通・販売業務を担う業態の多様化によりエンドユーザーや消費者のニーズへの対応力が強化されることを意味する。いわばフードバ

リューチェーンのシステム全体を通じて、技術や経営管理のイノベーションが次から次へと起こり、それがシステムを構成する部門間、企業間で伝播していく。

　図1は、フードバリューチェーンの枠組みを模式化して示したものである。ここでは、枠組みを構成する各段階の役割と当面する課題について記してある[3]。ポイントとなる点は、フードバリューチェーンのシステム全体の規模が拡大していくにつれて、各段階がかかえる課題を解決しつつシステムのオペレーションが円滑に運用されると同時にシステムが全体としてより発展的な方向へ進むためには、どうしたらよいかということである。いくつかのことが指摘できるが、ここでは3つの点に言及しておきたい。第1に、人的能力の向上である。システム全体を分析して課題を整理し、その課題を適切に処理するための指示を与えるマネジメント能力やシステムの新しい発展戦略を打ち立てる企画立案能力をもったコーディネーターの人材育成が不可欠である。第2に、ステークホルダー間の連携を図っていくための情報の提供である。必要な技術の導入、原材料や部品・在庫の調達、資金の供給、市場・流通段階でのマーケットリサーチには、情報が必要である。第3に、システム自体の管理能力の向上である。政府の投資戦略やマクロレベルでの金融・財政などに関わる法制の変化にすばやく対応して、システムの成長と安定に役立てることが必要である。要するに、人材の育成、情報の提供、そして管理能力の向上は、フードバリューチェーンの発展に不可欠な構成要素である。かつてマイケル・E・ポーターは、主著『競争優位の戦略』（1985年）のなかで取り上げたバリューチェーン・モデルを説明するにあたり、企業の活動を主活動（購買物流→製造・オペレーション→出荷・物流→マーケティング・販売→サービス）と支援活動（全般管理／企業インフラ・人的資

ステークホルダー	1. 農産事業者	2. 製造・加工業者	3. 小売業者・流通事業者	4. 消費者
役割	・調査/開発 ・農業 ・牧畜業 ・貿易	・収穫 ・食肉処理 ・加工 ・付加価値加工 ・食品製造 ・マーケティング・営業	・流通 ・小売	・ショッピング ・消費
主要な課題	・効率性 ・市場の変動性 ・資本 ・イノベーション	・成長を支えるイノベーション ・食のグローバリゼーション ・安全なサプライチェーン ・エネルギー効率性 ・廃棄管理	・高品質に対する責務 ・多様なチャンネル ・業態における複雑性の管理 ・eコマースチャネルの重要性の高まり ・パッケージ革新	・食料供給保障と高価格化 ・肥満、健康とウェルネス ・食の安全性に対する懸念の高まり

ステークホルダー	5. 政府・規制機関
役割	・公共の健康と安全 ・公共政策
主要な課題	・輸入国と輸出国との取引関係の変化 ・食の安全性および農業・生物テロリズムに対する緊張の高まり ・グローバルな農地買収の高まり

出所：Deloitte Tohmatsu Consulting Co. Ltd. (2013). "The food value chain: A Challenge for the next century"
[フードバリューチェーン：次世代への挑戦（抄訳版）] に掲載されている図1に、筆者が加工して作成。

図1　フードバリューチェーンにおけるステークホルダーの役割と主要な課題

源管理・技術開発・調達活動）に分類したが、ここで指摘した点は、まさしく彼が提唱した支援活動に相当するものである[4]。

2．グローバル・フードバリューチェーン

　グローバル・フードバリューチェーンが、フードバリューチェーンを地球規模に広げた概念であることはいうまでもない。貿易や国際投資、国際金融などを通し外部に開かれた開放体系のなかで、食料・農産物の生産から加工・製造、流通そして販売に至るまで、そこにいかなる付加価値をつけてビジネスチャンスの機会を創出するかが、グローバル・フードバリューチェーンの命題である。

　途上国の立場でいえば、フードバリューチェーンを構成する各段階で、先進国から技術、人材、資金、組織形成および管理運営といったノウハウが海外企業の進出を通じてトランスファーされ、フードバリューチェーンが全体として強化されるという側面をもつ。また、以前よりも高品質な製品の輸出を通じて市場がグローバルに広がっていく。結果として、フードバリューチェーンの各段階およびシステム全体において、雇用の機会が創出され、所得が増大していくことが期待される。

　一方、先進国からすれば、海外とのつながりが強化されるなかで、さまざまな社会的利益および私的利益が産み出される可能性が高まる。わが国においても、当然その利益を享受することが期待され、また実際にそのための仕掛けと戦略を協議し講じている[5]。

　農林水産省は、グローバル・フードバリューチェーン戦略のねらいを次のように記している。「日本の『強み』を活かしたフードバリューチェーン（FVC）構築により、今後急速な成長が見込まれる世界の食市場を取り込み、日本の食産業の海外展開と途上国等の経済成長を

実現する。日本の食産業の海外展開等によるフードバリューチェーン構築を通じて日本食をはじめとする食のインフラ輸出を促進する」[6]。日本の食産業の強みとは、健康や安全性に配慮した食料・農産物の品質管理、コールドチェーンなどによる鮮度保持輸送技術、ICTを活用した食のトレーサビリティと透明性の高い情報の開示、生産・加工から流通・販売に至るシステムの省エネルギー化などとされている。また食のインフラとは、食料・農産物の生産と加工および流通と販売に関わる施設や機械等の設置、関係する人材の訓練と育成、情報ネットワークの構築とそれに基づく情報の発信など、ハードとソフトの両面にわたり、フードバリューチェーンのオペレーションを支える基礎とされている。

　日本の食産業の強みを活かして、農産物の効率的生産に必要な農業資機材の供給から食料・農産物の生産と製造、輸送と販売、和食レストランの展開に至るまでのサプライチェーンにつながる企業とそれをサポートする食のインフラに関係したわが国企業が、互いに手を携えて、途上国を含め海外に生産と販売の拠点を構築していけば、そこに大きなビジネスチャンスが生まれる可能性が広がる。そうした拠点を足がかりにして、わが国から食料・農産物を輸出していけば、国内の食品製造業と農業に関係するステークホルダーが大きな利益を得るであろう。現に、わが国における食料・農産物の輸出額は、2015年で7,451億円に達した。特に、経済成長が著しいアジア諸国向けで大きく伸びている。

　わが国企業の海外での生産と販売の拠点構築は、進出先の農業と食品関連産業の体質強化につながり、また輸出の拡大が輸入国における消費者の食料・農産物に対する購買選択の幅を広げ、関連する情報を提供するという側面をもつ視点からいえば、ステークホルダーの私的

利益だけでなく、日本という国レベルでみた社会的利益も大きいということができる。

　ともかくも、日本の食産業の強みを活かした海外でのフードバリューチェーンの構築が、相手国への技術やノウハウの移転を通じて関係する産業や企業の近代化と体質強化につながる一方で、日本などの先進国では輸出と投資によって企業がビジネスチャンスを確保するという意味で、双方にWin-Winの関係が成立することになるということができよう。

　途上国においては、今後、人口の増加と経済発展および都市化にともない、消費者需要の量的・質的変化が大きくなり、また食料・農産物に対する安全性、機能性、利便性さらには品質保証などに対する要求がますます強くなっていくことが予想される。食料・農産物の生産・製造、流通、販売のそれぞれの段階であるいは相互に連携・調整し合いながら、消費者のこうした要求の充足に向けて、先進国や新興国からの進出企業とコラボレーションして、その努力を持続させていく必要のあることはいうまでもないが、輸出入においても、これを担当する貿易企業が、国際的ルールの法令準拠、商品の安全認証、ラベリング、その他の要件に対応するための能力を強化していくことが、今後ますます必要とされよう（Deloitte　2013）。

Ⅲ．グローバル・フードバリューチェーンと農業開発

　グローバル・フードバリューチェーンとの関係で取り上げるべき重要な課題は、前述したようにこの発展の流れに乗りきれない伝統的な部門や分野に対してどのような支援と協力のあり方が望ましいかという点である。伝統的な技術と組織に依存し、都市部から離れて市場や

情報へのアクセスが乏しい地域では、グローバル・フードバリューチェーンの発展の恩恵に浴することなく、取り残されて貧困な状態が持続する可能性が高い。ここでは、そもそもフードバリューチェーンのシステム自体の構築がほとんどなされていない。ある特定の地域の内部にとどまって成立する局地的な伝統的取引システムのなかでは、食料・農産物の生産から流通、販売に至るまでの各段階およびシステム全体でイノベーションが起こりにくい。また、外部からの働きかけを受けとめ、刺激を吸収し、それを内部化するだけの力量に乏しい。したがって、内部化できるような仕組みや仕掛けをどのようにつくり上げていくかが、大きな課題となる。

　わが国の経験に即していえば、「食料産業クラスター」の形成、地域の「農商工連携」、さらには農林漁業の「6次産業化」などという発想が想起されるが、もとより地域経済の連関性や地域経済を担う主体の内発的な力が弱い段階では望むべくもない。現状を踏まえれば、国際協力のアプローチが外側からの働きかけでなく、むしろ内側に入り込み、域内のさまざまなステークホルダーと協働して、地域の実情に見合ったフードバリューチェーンをともに構築していくほうがはるかに現実的である。例えば、地域と密着したJICA草の根技術協力事業あるいはNGOやNPOのような民間団体による手づくり協力を通じて、協力を働きかける主体がステークホルダーとの対話に重点をおきながら、市場や消費者のニーズに対応できる新たな付加価値を産み出す可能性が高いフードバリュー・プロジェクトを計画・立案、実施してモニタリング調査を繰り返し、より実効性の高いプロジェクトに仕立てて、時間の経過とともに外部条件の変化を考慮に入れながら、それを漸次発展させる方向へと誘導していくのが望ましい方向と考えられる。

第14章　グローバル・フードバリューチェーンと途上国の農業開発　209

　それでは、貧困な途上国農村において、貧困を軽減していくうえで、地域の実情に即したフードバリューチェーンを構築していくために、農業開発の視点からどのような点を考慮に入れておくべきなのか。ここでは、3つのイノベーションについて、ポイントを述べておくことにしたい。

　第1は、農業者の技術と経営のイノベーションである。貧困な農業者は、小規模の零細な農地を保有あるいは賃借して耕作し、主食作物を中心としながら、少数の家畜を飼養して、野菜や果実の栽培を加えた半自給・半商業的な家族農業がほとんどである。こうした農業は、自ら調達し利用できる資源と伝統的な技術を用い、生産性や品質の面で長期間にわたって農業生産が低位でかつ安定した均衡を保持してきたものと考えられる。また外部から資機材など農業投入財をさほど購入することなく、コスト節減的で農地や労働力を集約的に使用した農業形態に依存し、家族の利用分を超えて余剰が生じた場合にのみ農産物を近傍の市場へ販売するという程度のものであり、利益追求的な経営とはいえない[7]。したがって貧困は持続し、生活を変容させようとするモチベーションに乏しい。この状況から脱していくためには、農業者にとって多少の努力で適用可能な技術を習得しまた経営の改善を意識しつつ、市場に受け入れられる農産物の生産性と品質の向上を目指すべきと考えられる。例えば、筆者も関わってきたカンボジア・コンポンチャム州P地区でのJICA草の根技術協力事業では、小規模農業者を対象に各種の野菜を堆肥と生物農薬によって栽培する指導を行い、安全性の高い野菜づくりを目指してきた[8]。技術は対象農業者の間にかなりの程度浸透しただけでなく、対象外の農業者にも普及していった。安全性という付加価値を売りにした野菜づくりが市場経済への関わりを深化させ、「売れる野菜づくり」への意識づけが生産意

欲を喚起したといえる。

　第2は、農産物の流通と販売のイノベーションである。安全で品質のよい農産物を生産しても、それが生産と流通に関わるコストをカバーして利益を産み出すほどの価格が設定されなければ、農業者の生産意欲は低下してしまう。実際のところ、特に農業者から近い市場では品質を考慮した価格づけの評価システムが機能しているとはいえず、品質差に基づく価格の差別化が実現していない。また数量管理も不十分であり、農業者の出荷調整の弾力性が乏しいために、市場では価格が低迷する傾向が強い。農産物の流通システムが不備であることも大きな問題である。出荷から販売までのサプライチェーンには多数のステークホルダーがいてしかもその取引過程が長いことから、この間に多く時間と中間マージンを要し、結果として取引費用の増大と時間の経過に伴う農産物の品質劣化を引き起こしてしまう。小売価格を所与とすれば、取引費用と品質劣化をカバーするためには、取引業者は農業者の出荷価格を低く抑えざるをえない。この事態に対応するための農業者の価格交渉力もまた脆弱である（青・板垣　2015）[9]。小規模な農業者の価格交渉力を強化するためには、結局、出荷団体のような農業者グループを組織化して農産物のロットをまとめると同時に、品質の均一化と等級化、鮮度保持、貯蔵、パッキング、輸送、広告や呼びかけなど一連のサプライチェーンを自ら構築することが必要である。また、国内あるいは海外から進出してきた加工業者や販売業者と連携して、農業者グループが農産物の種類、形状、栽培方法、数量、品質、価格などを事前に両者で取り決める契約化も、選択肢の一つである。

　第3に、制度と政策のイノベーションである。往々にして小規模な農業者に焦点を絞った特別な制度と政策のプログラムは見出しがたい。農業の近代化に与した制度と政策のパッケージは、意欲や能力が高く、

生産条件が整ってある程度高い実績をもつ農業者に集中する傾向がある。フードバリューチェーンにおいてもまた、原料農産物を安定的に供給できる農業者の階層に力点がおかれやすい。市場経済の深化と財源など政府の資源制約の観点からすれば当然のことであるが、このままでは農業者間および地域間の経済格差は拡大する一方である。道路などのインフラ整備、市場、流通などのシステム整備、農業者への融資や技術の指導と普及、教育・研修などといった制度基盤の拡充、農産物の価格保証や農業投入財への補助、品質認可基準の設定、農業者グループの育成、市場情報の提供などの政策展開は、貧困な農業者や農村を支援していくうえで欠かせない要素である。しかしながら、こうした制度や政策は、効果の発現までに時間を要するか発現がむずかしく、納税者である国民の支持を確保しにくい側面をもつ。したがって、制度や政策の動きに加えて、さまざまな形態の国際協力や国内外のNGO/NPOによる支援、食品の製造や販売などを手がける海外からの民間企業による原料農産物の優先的な買い取りなどが、貧困対策にはどうしても必要となる。

Ⅳ．おわりに

　以上、フードバリューチェーン構築との関係で、貧困軽減につながる農業開発の方向について述べてきた。グローバル・フードバリューチェーンとの文脈でいえば、農業開発のあり方は、国内外の食品関連企業が生産・製造、販売さらには輸出する製品に必要とされる高品質の原料農産物を、どのように安定的に供給できるかに大きく左右されるといってよい。そのために習得すべき栽培上の技術や技能、集出荷の取り決めなどは、企業によって助力されるべきである。また集出荷

場など施設の設置、人的な訓練と研修などは、政府やNGOベースによる国際協力が必要とされる。可能であれば、そこから飛躍させて農業開発の現場で、自らの力により市場のニーズに見合った食品・農産物を生産・加工し、流通、販売、輸出までカバーし、裾野の広い所得の流れを構築していくことが望まれる。

　いずれにしても、民間企業や国際協力といった「外部からの諸力」を農業・農村へ取り入れて内部化し、グローバル・フードバリューチェーンの動きを有効に活かしていくことが、今後の途上国農業開発の方向といえる。途上国の農業開発は、農業者を中心に置きながらも、国内外の政府や食品関連企業など官民が一体となったグローバル社会のなかでアプローチしていく時代になったといえよう。

注と参考文献

（1）本章は、板垣啓四郎（2015）「グローバル・フードバリューチェーンと国際協力」国際農林業協力、第38巻第4号、（公社）国際農林業協働協会、pp.2-8をベースにして、これに加筆・削除したものである。
（2）農林水産省（2014）グローバル・フードバリューチェーン、省内資料。
（3）Deloitte Touche Tomatsu Limited, www2.deloitte.com/content/.../jp-cp-l-food-value-chain.pdf, アクセス日：2015年11月15日。
（4）Michael Eugene Porter（1985）, Competitive advantage: creating and sustaining superior performance, Free Press. 土岐坤・中辻萬治・小野寺武夫訳（1985）『競争優位の戦略―いかに高業績を持続させるか』、ダイヤモンド社、684p。
（5）農林水産省に設置されている「グローバル・フードバリューチェーン推進官民協議会」では、官民が一体となってグローバル・フードバリューチェーンを推進するための協議や海外視察および地域別・課題別の研究会が開催されている。
（6）（2）と同掲の省内資料。
（7）これまでアジアの後発途上国（カンボジアやミャンマーなど）の農村

や市場から遠隔の農村（インドネシアのスラウェシ島など）に入って調査を継続してきたが、どの調査村でも貧困な農家の農業経営の実態構造は共通している。

（8）環境修復保全機構（ERECON）「カンボジア国コンポンチャム州における持続可能な農業生産環境の構築（コンポンチャム州、2011-2016）」がその事例の一つである。筆者は、この事業において野菜の流通改善と販売促進の側面で協力活動に従事した。

（9）青晴海・板垣啓四郎（2015）「スリランカにおける野菜価格決定イニシアチブに関する一考察」農村研究、第121号、東京農業大学食料・農業・農村経済学会、pp.70-81。

あとがき

　本書は竹谷会長の「はじめに」にあるように、日本国際地域開発学会創立50周年を記念して刊行された。この出版事業の企画は、正式には2014年4月の第1回常任理事会で決定されたと記憶している。それから2年余りで本事業が順調に進み、記念式典は2016年11月5日に迎えるが、時間的には多少の余裕をもって出版に漕ぎつくことができた。

　竹谷会長以下、学会役員と執筆者が一丸となって本事業に全力を傾注して取り組んだからである。編集責任者の板垣副会長が、率先して編集の任を全うされた功績はとくに大きい。

　さて、本学会による記念出版はこれで2度目である。最初の記念出版は日本拓植学会当時のもので、書名は『農業開発の課題─経済・技術・社会─』、1988年の刊行であった。約30年前になるが、学会創立20周年を記念しての出版であった。当時の編集代表であった金沢夏樹先生の「編集後記」を改めて読み直すと、次の3点に要約されよう。

　第1は、「学会としての存在を主張するには拓植学についての共通の認識が、その対象と方法について成立していることが必要」であり、「かつての日本の開拓政策に関する歴史的事実と経過に深く思いを致すべきである」と。「日本の開拓政策」の含意はともかく、金沢先生はいつも、日本を十分に理解した上での海外研究を心掛けよ、と主張されていた。

　第2は、方法論についてである。研究対象は「広く開発に関する諸問題」であり、「方法の多様をむしろ良しとするもの」であり、本学会には「多様な専門家をもつこと」に特色がある。そして「専門家同志の要件」として「つねに学問的交渉に努力する必要」が強調されて

いる。

　最後に、掲載論文14編についてである。学会誌「拓植学研究」に掲載されたもので、「農業開発に基本的な眼をむけているもの」を選んだが、「対象と方法にはそれぞれ特色があって面白い。しかしそれが独り合点にならないよう」「学会は相互交流のきびしい場」を心掛けるようにとの指摘である。

　周知のように、当時の学会名称は変更されたが、名称の如何に関わらず、以上のことは今日にも共通する教訓と課題であろう。今回の掲載論文は原則として、会員からの投稿によるものであり、それが前回とは大きく異なる点である。そのため、論文の多くは時間的な熟成を待たずして広く世に問うことになるが、大きく変動しつつある国際社会・経済において農業・農村社会の開発・発展に関わる諸問題について即時性をより重視した形になった。課題提起という学会として速報的な役割は十分に果たしているが、今後の課題としては各々の問題の本質をさらに深く追及し、学問上の整理に努力する必要があろう。

　さて、学会の役割は時代状況にも関わらず不変ではあるが、創立から半世紀、そして前回の刊行からおよそ30年が過ぎた。いま世界は大きく揺らいでいると思われる。いや、むしろ、世界は大転換期を迎えているのではないか。従来の貧困、飢餓、地球環境などの問題に加え、世界は経済格差、情報技術の発達、移民・難民の増加、多発するテロ、英国のEU離脱などの諸問題を抱え、さらには資本主義の終焉すら議論されている。いまやこのような新しいグローバルな視点をもたずして国際地域開発学を究めることは不可能であろう。

　日本を顧みれば、他の先進国と同様、開発学や開発協力を通じての諸問題の解決とともに、現代の若者を覆いつつあるニヒリズムの克服にも大いに貢献できるものと確信する。さらには、現代文明を問い直

し、近代を克服するという大きな挑戦が求められるであろう。もはや従来の学問的編成、そして従来の学問の手法と論理では解決できない困難な多くの課題に立ち向かい、新しい価値の創造を含めて、本学会はこれからの半世紀を歩み続ける覚悟が求められよう。

日本国際地域開発学会副会長　半澤　和夫

執筆者紹介

竹谷裕之（たけや・ひろゆき）

1945年愛知県生まれ、名古屋産業科学研究所・上席研究員（名古屋大学名誉教授）、農学博士、農業経営学・地域開発論。主要な著作として、嘉田良平・諸岡慶昇・竹谷裕之・福井清一著（1995）『開発援助の光と影―援助する側とされる側―』農山漁村文化協会、竹谷裕之（2006）「町おこし・村おこしと農村地域経済の再建」片岡幸彦ほか編『下からのグローバリゼーション―「もう一つの地球村」は可能だ―』新評論など。

水野正己（みずの・まさみ）

1949年京都市生まれ、日本大学生物資源科学部教授、博士（農学）、農村開発学。主要な著作として、水野正己（2014）「戦後日本における生活改善」戦後日本の生活改善を研究する人びと編『中国農村における生活改善に関する研究』（日本学術振興会二国間交流事業・中国社会科学院との共同研究・研究成果報告書）など。

高根務（たかね・つとむ）

1963年秋田県生まれ、東京農業大学国際食料情報学部教授、博士（農学）、農業農村開発学・アフリカ地域研究。主要な著作として、高根務・山田肖子編（2011）『ガーナを知るための47章』明石書店、294p、高根務（2007）『マラウイの小農：経済自由化とアフリカ農村』アジア経済研究所、230p. など。

山田隆一（やまだ・りゅういち）

1959年福岡県生まれ、東京農業大学国際食料情報学部教授、博士（農学）、農業経営学。主要な著作として、山田隆一（2008）『ベトナム・メコンデルタの複合農業の診断・設計と評価』農林統計協会、171p、Ryuichi YAMADA（2014）『Farm Management and Environment of Rainfed Agriculture in Laos』農林統計協会、146pなど。

執筆者紹介

小宮山博（こみやま・ひろし）
　1956年東京都生まれ、名古屋大学大学院環境学研究科客員教授（前職・国立研究開発法人国際農林水産業研究センター（JIRCAS）企画調整部長）、博士（経済学）、農業経済学。主要な著作として、小宮山博（2005）「モンゴル国畜産業が蒙った2000-2002年ゾド（雪寒害）の実態」『日本モンゴル学会紀要』pp. 73-85、小宮山博（2011）「急成長を遂げた酪農の現状と課題―内モンゴル自治区を事例に―」『中国農業のゆくえ』農林統計協会、pp. 135-151など。

山下哲平（やました・てっぺい）
　1978年東京都生まれ、日本大学生物資源科学部助教、博士（生物資源科学）、環境社会学。主要な著作として、山下哲平（2015）「食と文化の観光資源化にむけて―モンゴルにおける食とライフスタイルから―」溝辺哲男・朽木昭文編著『農・食・観光クラスターモデルの展開』農林統計協会、pp. 219-232など。

園江満（そのえ・みつる）
　1967年東京都生まれ、日本大学生物資源科学部助教、博士（農学）、比較文化論・文化地理学。主な著作として新谷忠彦・C. ダニエルス・園江満編（2009）『タイ文化圏のなかのラオス―物質文化・言語・民族』慶友社、401p、園江満（2013）「山地民としてのタイTay―ラオスにおける生産技術の諸相から」C. ダニエルス編『東南アジア大陸部　山地民の歴史と文化』言叢社、pp. 279-318など。

杉原たまえ（すぎはら・たまえ）
　1961年神奈川県生まれ、東京農業大学国際食料情報学部教授、学術博士、農村開発社会学。主要な著作として、大鎌邦雄・齋藤仁・岩本純明・坂根嘉弘・藤田幸一・坂下明彦・仲地宗俊・有本寛・杉原たまえ著（2009）『日本とアジアの農業集落―組織と機能―』清文堂出版社、飯森文平・Seumanu Gauna Wong・杉原たまえ（2010）「サモアにおける海外への労働力移動と伝統的農村社会」『農村研究』東京農業大学農業経済学会など。

半澤和夫（はんざわ・かずお）

1951年宮城県生まれ、日本大学生物資源科学部教授、博士（農学）、農業経済学。主要な著作として、Kazuo Hanzawa (2015) 'Agricultural Change and Unstable Production over a 20-year Period in a Central Zambian Village', Quarterly Journal of Geography (66) pp. 255-267、半澤和夫（2010）「ダンボ資源の利用と農業変化―ザンビア中央州C村の18年間―」沙漠研究（19/4）pp.579-583など。

菊地香（きくち・こう）

1966年東京都生まれ、日本大学生物資源科学部准教授、博士（農学）、フードシステム学。主要な著作として、菊地香・平良英三（2015）「パインアップルの官能検査と品質の関係」『農業および園芸』90（12）、pp. 1165-1173、菊地香・平良英三・中村哲也（2011）「キーツ種マンゴーの官能検査と品質の関係」『開発学研究』21（1）、pp. 62-69など。

堤美智（つつみ・みち）

1977年三重県生まれ、日本大学生物資源学部助教、博士（農学）、農村社会学。主要な著作として、Michi Tsutsumi (2010) 'Experimental Study on Work Life Balance of Women Farmers in Japan'、堤マサエ編著（2010）, 『A Turning Point of Women, Families and Agriculture in Rural Japan』学分社出版、pp. 124-143など。

中村哲也（なかむら・てつや）

1971年石川県生まれ、共栄大学国際経営学部教授、博士（農学）、農業経済学。主要な著作として、中村哲也・丸山敦史・霜浦森平・Mary Cawley（2013）「原発事故及び放射性物質汚染対策に対する海外の市民意識：アイルランド・ゴールウェイ市における対面調査から」『2013年度日本農業経済学会論文集』、pp. 266-273、中村哲也・矢野佑樹・丸山敦史（2014）「ドイツ市民が評価するエネルギー政策と放射性物質汚染対策：オンラインアンケートツールを用いて」『開発学研究』24（3）、pp. 49-63など。

矢野佑樹（やの・ゆうき）
　1980年千葉県生まれ、千葉大学大学院園芸学研究科講師、Ph.D.（農業環境経済学）、農業経済学。主要な著作として、Yano Y. et al. (2016) 'Consumer Perception and Understanding of Vegetables Produced at Plant Factories with Artificial Lighting' (Chapter 24) , in Kozai T. et al. (ed.) 'Plant Factory and Greenhouse with LED Lighting', Springer社など。

板垣啓四郎（いたがき・けいしろう）
　1955年鹿児島県生まれ、東京農業大学国際食料情報学部教授、博士（農業経済学）、農業開発経済学。主要な著作として、板垣啓四郎監修（2015）『農家と農業　お米と野菜の秘密』実業之日本社、191p、W. ノートンほか著、板垣啓四郎訳（2012）『農業開発の経済学　第2版　世界のフードシステムと資源利用』青山社、276pなど。

国際地域開発の新たな展開

2016年10月15日　第1版第1刷発行

　　企　画　日本国際地域開発学会
　　監修者　板垣啓四郎
　　発行者　鶴見　治彦
　　発行所　筑波書房
　　　　　　東京都新宿区神楽坂2-19 銀鈴会館
　　　　　　〒162-0825
　　　　　　電話03（3267）8599
　　　　　　郵便振替00150-3-39715
　　　　　　http://www.tsukuba-shobo.co.jp

定価はカバーに表示してあります

印刷／製本　平河工業社
© 2016 Printed in Japan
ISBN978-4-8119-0494-8 C3033